Antônio Gilberto Costa

ROCHAS
ÍGNEAS E METAMÓRFICAS
petrografia, aplicações e degradação

2ª edição

Copyright © 2021 Oficina de Textos

Grafia atualizada conforme o Acordo Ortográfico da Língua Portuguesa de 1990, em vigor no Brasil desde 2009.

CONSELHO EDITORIAL   Arthur Pinto Chaves; Cylon Gonçalves da Silva; Doris C. C. K. Kowaltowski; José Galizia Tundisi; Luis Enrique Sánchez; Paulo Helene; Rozely Ferreira dos Santos; Teresa Gallotti Florenzano

CAPA, PROJETO GRÁFICO E DIAGRAMAÇÃO Malu Vallim
PREPARAÇÃO DE TEXTO Renata de Andrade Sangeon
REVISÃO DE TEXTO Natália Pinheiro Soares
IMPRESSÃO E ACABAMENTO BMF gráfica e editora

Dados Internacionais de Catalogação na Publicação (CIP)
(Câmara Brasileira do Livro, SP, Brasil)

Costa, Antônio Gilberto
Rochas ígneas e metamórficas : petrografia,
aplicações e degradação / Antônio Gilberto Costa. --
2. ed. -- São Paulo : Oficina de Textos, 2021.

Bibliografia
ISBN 978-65-86235-18-0

1. Geociências 2. Geologia 3. Rochas ígneas 4.
Rochas ígneas - Identificação I. Título.

21-59226   CDD-552.1

Índices para catálogo sistemático:
1. Rochas ígneas : Geologia 552.1

Aline Graziele Benitez - Bibliotecária - CRB-1/3129

Todos os direitos reservados à OFICINA DE TEXTOS
Rua Cubatão, 798
CEP 04013-003   São Paulo-SP – Brasil
tel. (11) 3085 7933
site: www.ofitexto.com.br
e-mail: atend@ofitexto.com.br

Antônio Gilberto Costa

ROCHAS
ÍGNEAS E METAMÓRFICAS
petrografia, aplicações e degradação

2ª edição

Vistas parciais das ilhas de Fernando de Noronha, Pernambuco e da Trindade, Espírito Santo. Em Noronha, vê-se os Dois Irmãos, basaníticos ao fundo, e em Trindade intrusões fonolíticas e depósitos em direção à parte norte da ilha. Acervo do autor

AGRADECIMENTOS

Nesta segunda edição da obra Rochas Ígneas e Metamórficas, reafirmo meus agradecimentos ao professor Georg Müller, do antigo Institut für Mineralogie der Technische Universität Clausthal Zellerfeld, Alemanha, de quem recebi incentivo decisivo para trilhar pelos caminhos desse fascinante mundo da petrografia, assim como pelos inúmeros afloramentos visitados durante uma expedição geológica à Escócia e às ilhas de Skye, Mull e Arran, contemplando rochas metamórficas e ígneas, e àqueles de rochas vulcânicas visitados na região do Eifel, Alemanha.

Aos professores Cláudio Scarpati e Annamaria Perrotta, do Dipartimento di Scienze della Terra da Universidade de Nápoles, Diego Puglisi, do Departamento de Ciências Geológicas da Universidade de Catânia, Marco Néri, do Instituto Nacional de Geofísica e Vulcanologia da Itália, e Roberto Bruno e Paolo Macini, da Universidade de Bolonha, pelos afloramentos visitados e apoio quando das realizações de expedições aos vulcões da Itália. Aos professores Maria Silvia Japas, Daniel Poiré e Renata Tomezzoli, da Universidade de Buenos Aires, e à doutora Florencia Bechis, da Universidad Nacional de Rio Negro, pelos afloramentos visitados durante expedições nas regiões da Sierra de la Ventana e da parte norte dos Andes patagônicos, Argentina. Aos professores Jan-Michael Lange e Peter Suhr, do Institut für Mineralogie der Technische Universität Freiberg e a Esther Schmädicke da Universität Erlangen-Nürnberg, por indicações de afloramentos de basaltos das regiões Scheibenberg e Stolpen, considerados referências para os trabalhos de Abraham Gottlob Werner, assim como pelas visitas aos de rochas metamórficas de alta e ultra alta pressão nas regiões de Dresden e de Freiberg, Alemanha. Ao professor Daniele Cesare Castelli, do Dipartimento di Scienze della Terra, da Universidade de Turim e ao Arqueólogo Pierre Pétrequin, do CNRS – França, pelas indicações de afloramentos visitados nos Alpes de Oeste, entre a região do monte Monte Viso, Itália, e Zermatt, Suíça. Ao Dr. Friedhart Knolle pelas visitas a afloramentos no Natinonalpark Harz, Alemanha. Aos geólogos e doutores Carmem Mitta, do Museo della Bagnada, e Sérgio Guerra, pelas visitas a afloramentos na região de Valmalenco, Itália.

Renovo agradecimentos aos diretores de gestão insular do Distrito de Fernando de Noronha e ao ICMBio, por meio dos chefes do Parque Nacional Marinho Fernando de Noronha, pelas sucessivas autorizações para visitas, pesquisas e coletas de amostras no âmbito de um projeto de ensino e pesquisa intitulado: Ilhas Oceânicas do Atlântico Sul - Geologia do Arquipélago de Fernando de Noronha: pesquisa e formação para estudantes de Geologia no arquipélago de Fernando de Noronha. Ainda na área das ilhas oceânicas do Brasil, agradeço ao coordenador do projeto: Geomorfologia Ambiental das Ilhas Oceânicas Fernando de Noronha e Trindade: compartimentação do relevo, evolução quaternária e interações solo-água, Prof. Fábio Soares de Oliveira, pela oportunidade de visitas a afloramentos na Ilha da Trindade.

Por fim, renovo agradecimentos a todos aqueles que de alguma forma contribuíram para as edições do livro e, em especial para esta edição, aos colegas Fábio Soares de Oliveira e Paulo Márcio Leal de Menezes.

APRESENTAÇÃO

A Petrografia descritiva e aplicada: da petrogênese aos contextos de conservação do patrimônio cultural

Algumas construções modernas e muitas das antigas usaram materiais pétreos como material de construção. Com o tempo, esses materiais envelheceram, alguns deterioraram-se irremediavelmente e tiveram de ser reparados ou substituídos. A "vida" desses materiais em uma catedral, por exemplo, foi (é) a continuação da sua anterior "vida" geológica, que determinou as propriedades que justificaram a sua escolha para a obra, mas que também lhes conferiu os "genes" que os levaram a mudar de cor, a perder o seu brilho, a enfraquecer a sua estrutura e a perder os seus componentes. Compreender essa vida, identificar as propriedades e entender como são esses "genes" são tarefas da Petrografia, e são esses conhecimentos que irão ajudar a entender por que cor e brilho mudam e por que a rocha enfraquece ou perde peso.

A Petrografia descreve a rocha e identifica os seus componentes para a integrar numa classificação e compreender a sua história geológica, como está amplamente apresentado e justificado ao longo do livro do Antônio Gilberto Costa, com especial ênfase nas rochas ígneas e metamórficas. É por aqui que se começa a aprendizagem, e é esta a informação que irá servir de base para tirar uma dúvida, esclarecer um pormenor ou justificar um dado processo. E é esta a via a seguir para dar ao material o nome que lhe é devido dentro da sua família geológica e petrográfica.

As rochas – ou as pedras, como o material é designado nas atividades ligadas à construção – não são materiais inertes, e a sua condição em obra pode variar entre largos limites, seja de grande estabilidade, seja de comportamento fugaz. Entender o porquê dessa maior ou menor estabilidade deve ter a informação petrográfica como base, mas ela precisa ser obtida e preparada de maneira adequada para o efeito, como indicado no Cap. 6 da presente obra. De fato, se basta saber identificar os feldspatos para classificar um granito, isso pode não ser suficiente para entender por que uma dada cantaria se degradou com maior rapidez do que outra. A existência de fissuração e a presença de minerais secundários devidos à alteração sofrida na sua jazida natural podem ser os elementos fulcrais para chegar à explicação, mas nenhum deles é necessário para classificar o granito ou entender a sua gênese.

Com a experiência, o aluno, ou o profissional, aprenderão a usar a informação especializada da Petrografia nos seus trabalhos de interação com o patrimônio construído em pedra, adaptando-a aos contextos específicos das novas utilizações. Assim, um granito, um granodiorito, um monzonito e muitas outras variedades similares serão agrupados como granitoides, e não será aberrante designá-los simplesmente por granitos *sensum latum*. Importa manter claro que essas designações são aceitáveis em contexto prático de utilização em obra, mas que nunca é descabido usar a classificação que lhe é própria, sempre que seja exequível obtê-la.

Simplificações semelhantes se aplicarão aos gnaisses, aos xistos e aos mármores, mas também aos calcários e aos arenitos, com as especificidades próprias de cada grupo.

Como demonstrado pelo autor, os conhecimentos petrográficos são uma base essencial para entendimentos sobre a petrogênese, mas também para quem se ocupa da conservação do patrimônio construído em pedra, sejam os profissionais que estudam e preparam os projetos de conservação, sejam os conservadores-restauradores que os implementam em obra. A informação petrográfica é indispensável para saber descrever os problemas e para buscar a explicação para a sua ocorrência, mas ela é também necessária para adaptar as soluções de tratamento e para definir as ações que as concretizam. Uma intensa fissuração num granito de grão grosso pode ser ocorrência suficiente para induzir a lixiviação seletiva da rocha e para explicar uma arenização profunda que a afeta. A presença de minerais argilosos expansivos originados pela alteração de minerais máficos é sinal seguro de que problemas em obra podem estar a caminho, mas mesmo os minerais argilosos não expansivos num calcário argiloso ou em um arenito são capazes de reduzir a sua durabilidade e afetar o seu comportamento.

A importância da informação petrográfica continua a ser relevante quando são equacionadas as opções de conservação e se faz a seleção dos processos e produtos necessários para as implementar. Assim, a limpeza de superfícies arquitetônicas tem de integrar a informação sobre o tipo de material que as constituem, a vulnerabilidade que apresentam e a possível reação e interação com os métodos e produtos de limpeza. Superfícies em granito não alterado podem tolerar métodos de limpeza agressivos dentro de largos limites, mas um granito alterado pode ser tão ou mais sensível que um calcário. Um mármore alterado pode tolerar uma limpeza por ablação por *laser*, mas um gabro, mesmo não alterado, pode não a tolerar.

A degradação dos materiais pétreos pode requerer ações drásticas para a remediar, como seja a consolidação da massa deteriorada como modo de aumentar a sua coesão e, assim, poder diferir no tempo a urgência da sua substituição. Ora, também aqui a informação petrográfica desempenha um papel fundamental, pois poucas são as opções disponíveis que não sejam mais adaptadas a um certo tipo de material do que a outros. As opções do tipo "cola tudo" nunca são as mais adequadas e, frequentemente, estão mais próximas do desastre do que da solução. Os materiais silicatados, como os granitos, podem aceitar bem certos consolidantes à base de alkoxisilanos, enquanto os consolidantes inorgânicos, como o hidróxido de bário, os fosfatos e oxalatos de amônio, serão potencialmente menos interessantes.

A especialidade de conservação da pedra em patrimônio cultural exige conhecimentos de diversas disciplinas, e as boas práticas recomendam que as soluções sejam encontradas em ambiente interdisciplinar. O presente livro, pensado para geólogos, mas acessível a conservadores, arquitetos e outros profissionais, é uma excelente base e ponto de partida para alcançar esse objetivo. A informação petrográfica é uma ferramenta essencial para se atingirem os melhores resultados, e a participação de especialistas com conhecimentos aprofundados de Petrografia é sempre uma mais-valia com grande significado. O especialista nesta área precisa saber da sua disciplina, mas é indispensável que adquira formação básica nas áreas com as quais vai interagir, pois só assim se pode estabelecer o diálogo e se potencia a informação que transporta consigo.

José Delgado Rodrigues
Investigador (Ap.) do Laboratório Nacional de Engenharia Civil, Lisboa, Portugal

Um livro que conecta Petrografia com Patrimônio, sem dúvida, é de suma importância não somente no âmbito da Geologia, mas também para o campo da conservação-restauração de bens imóveis protegidos pelo Patrimônio Cultural. Há, no Brasil, significativo patrimônio construído em que a pedra, se não é o elemento principal de construção, revela em cada edificação tombada, individualmente ou inserida em conjuntos urbanos ou centros históricos, singularidades relativas à sua origem geológica, intemperismo, condições ambientais e estado de conservação. Os projetos de conservação-restauração do patrimônio devem, portanto, ancorar-se nos estudos de caracterização da pedra, em que a contribuição da petrografia, decisivamente, é de importância capital. Este trabalho é, então, de leitura obrigatória para todos que estejam comprometidos com a prática da conservação que se irmane à produção de conhecimento científico sobre nosso valoroso e diverso patrimônio construído.

Dra. Catherine Gallois
Arquiteta do Iphan

Com o livro *Rochas ígneas e metamórficas: petrografia, aplicações e degradação*, aprende-se Petrografia viajando pelo mundo todo, visto que a Geologia não tem fronteiras. Uma publicação ricamente ilustrada, com exemplos nacionais e internacionais, e didaticamente apresentada da escala macro a microscópica. A petrografia microscópica é bem destacada, apresentando as diversas texturas de rochas ígneas e metamórficas, foco principal do livro. Complementarmente, é feita também uma abordagem das rochas aplicadas, associando-se suas características mineralógicas e texturais ao seu uso comercial. Um livro que atende não só ao estudante que está iniciando seus estudos petrográficos, mas também a qualquer profissional que trabalhe com este material tão versátil: ROCHA!

Eliane Del Lama
Professora do Instituto de Geociências da USP

Petrography is the art of rock descriptions. Its purpose is to convey to another geologist an accurate and precise picture of the rock in question in whatever detail is demanded by the appropriate context.

Charles James Hughes

SUMÁRIO

INTRODUÇÃO – 13

1 MODOS DE OCORRÊNCIA E PETROGRAFIA MACROSCÓPICA PARA ROCHAS ÍGNEAS E METAMÓRFICAS: EXEMPLOS – 17
- 1.1 Modos de ocorrência e elementos da petrografia macroscópica para rochas ígneas – 17
- 1.2 Modos de ocorrência e elementos da petrografia macroscópica para rochas metamórficas – 36

2 ELEMENTOS DA PETROGRAFIA MICROSCÓPICA PARA ROCHAS ÍGNEAS E METAMÓRFICAS – 53
- 2.1 Rochas ígneas – 54
  - 2.1.1 Critérios para a definição das texturas de rochas ígneas e outros arranjos – 54
  - 2.1.2 As texturas ígneas principais – 57
  - 2.1.3 As texturas ígneas especiais – 58
- 2.2 Rochas metamórficas – 58
  - 2.2.1 Elementos definidores das texturas metamórficas – 58
  - 2.2.2 As texturas metamórficas principais – 64
  - 2.2.3 As texturas metamórficas especiais – 67

3 PETROGRAFIA MICROSCÓPICA DE ROCHAS ÍGNEAS – 71
- 3.1 Minerais das rochas ígneas – 71
  - 3.1.1 Minerais essenciais – 71
  - 3.1.2 Minerais acessórios – 74
- 3.2 Nomeando as rochas ígneas – 74
  - 3.2.1 Fatores considerados para a classificação das rochas ígneas – 74
  - 3.2.2 Usando a classificação – 75
- 3.3 As rochas ígneas e suas texturas – 84
  - 3.3.1 Texturas das rochas plutônicas – 84
  - 3.3.2 Texturas das rochas vulcânicas – 90

Vista parcial da *nappe de charriage* de Gavarnie – Parque Nacional dos Pirineus, França. Acervo do autor

4 PETROGRAFIA MICROSCÓPICA DE ROCHAS METAMÓRFICAS – 99
    4.1 Dando nomes às rochas metamórficas – 99
    4.2 As rochas metamórficas e suas texturas – 104
        4.2.1 As texturas e o tipo de metamorfismo – 104
        4.2.2 As texturas segundo a origem e a composição das rochas metamórficas – 106
5 PETROGRAFIA DAS ROCHAS ÍGNEAS E METAMÓRFICAS COM APLICAÇÃO ORNAMENTAL E DE REVESTIMENTO – 117
    5.1 As rochas ornamentais e de revestimento e os elementos da petrografia – 117
        5.1.1 Classificação segundo a composição mineralógica e a coloração – 117
        5.1.2 Classificação segundo a orientação dos constituintes mineralógicos – 124
        5.1.3 Classificação segundo o tamanho e a forma dos constituintes mineralógicos – 127
    5.2 Rochas ígneas e metamórficas aplicadas como material ornamental: descrições macro e microscópicas – 127
6 PETROGRAFIA DAS ALTERAÇÕES E DEGRADAÇÕES PARA MATERIAIS PÉTREOS APLICADOS – 141
    6.1 Influências de características dos materiais pétreos nas aplicações – 142
    6.2 Tempos para as transformações dos materiais pétreos – 144
    6.3 Formas e padrões de degradações de materiais pétreos – 144
        6.3.1 Fatores determinantes – 146
        6.3.2 Degradações para materiais pétreos aplicados – 147
REFERÊNCIAS BIBLIOGRÁFICAS – 169
ANEXOS
    A – Roteiro para descrições petrográficas de rochas ígneas e metamórficas – 171
    B – Roteiro com procedimentos para a identificação de tipos ou padrões de degradações – 174

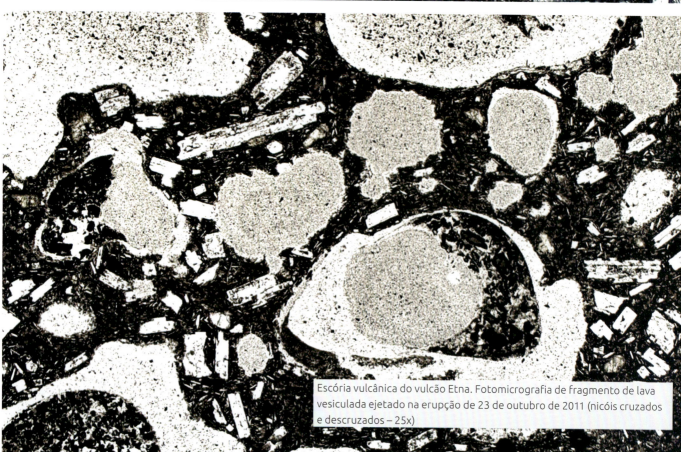

Escória vulcânica do vulcão Etna. Fotomicrografia de fragmento de lava vesiculada ejetado na erupção de 23 de outubro de 2011 (nicóis cruzados e descruzados – 25x)

INTRODUÇÃO

Petrografia corresponde à parte descritiva da petrologia e é imprescindível para o entendimento da gênese das rochas, auxiliando no desenvolvimento dos estudos interpretativos, que, por sua vez, correspondem à parte da petrologia denominada petrogênese. Portanto, essa parte descritiva da investigação sobre a origem de uma dada rocha deve preceder aos demais estudos, pois envolve a identificação dos minerais que a compõem e o modo como estes se encontram organizados. O estudo dessa organização, identificada como textura, vai permitir o levantamento complementar de evidências sobre eventos a que rochas foram submetidas. No caso de rochas metamórficas, por exemplo, esse estudo reveste-se de especial importância, pois pode indicar desvios do equilíbrio, o que permite a identificação da forma como uma rocha foi (re)cristalizada rumo a uma condição de equilíbrio. Como texturas de rochas metamórficas preservam informações sobre as reações ocorridas, podem revelar algo sobre a sequência das associações e, em consequência, sobre a história das condições metamórficas. Além disso, texturas podem estar relacionadas com a deformação havida durante o metamorfismo, e o seu estudo pode informar sobre a história da deformação e a cronologia relativa da deformação e do crescimento dos minerais metamórficos.

Com o intuito de viabilizar o levantamento de todas as informações relacionadas com essa organização, gerada sempre pela atuação de fenômenos geológicos e expressa por meio das estruturas e das texturas, é que os estudos petrográficos foram divididos em macro e microscópicos.

Assim, e como ponto de partida desse processo de investigação, será necessário proceder-se à avaliação do modo de ocorrência das rochas, o que deve envolver descrições macroscópicas nos seus respectivos afloramentos, com a identificação, ou não, da presença de grandes estruturas e com o levantamento prévio dos seus constituintes mineralógicos. Como uma das etapas dessa fase, a coleta de amostras representativas é indispensável para a realização, em estágio seguinte, de levantamento de dados na área da petrografia microscópica.

Encerradas as descrições macroscópicas, devem ter lugar aquelas de maior detalhe e que envolvem o estudo dessas rochas, mas por meio da observação de suas respectivas lâminas ou seções delgadas. Com a petrografia microscópica, e citando como exemplo o caso dos feldspatos e das rochas graníticas, podem ser obtidas informações importantes objetivando conclusões petrológicas, pois, pela simples observação da presença de cristais independentes de feldspatos alcalinos ou de cristais com estruturas de exsolução, como no caso das pertitas, pode-se deduzir as temperaturas de formação dessas rochas: mais baixas, no primeiro caso, e mais elevadas, no segundo. No caso das rochas metamórficas, por exemplo, a identificação pela análise microscópica de certas inclusões em determinados minerais será de fundamental importância para o entendimento das reações envolvidas na gênese de uma dada paragênese mineral, já fornecendo informações sobre eventuais modificações nas condições de um dado evento metamórfico, como seria o caso de inclusões de cianita ou de estaurolita em porfiroblastos de cordierita, ou da presença de bordas de clinopiroxênio e granada entre cristais de ortopiroxênio e plagioclásio, respectivamente indicando reduções ou aumentos nos valores de pressão para os eventos metamórficos envolvidos na formação dessas associações minerais. Por outro lado, a simples identificação microscópica de antipertitas ou da associação de cianita e feldspato potássico já seria suficiente para a caracterização de eventos metamórficos de alto grau, em ambos os casos, mas de pressão mais elevada no segundo.

Concentrando as atenções nas descrições microscópicas, a identificação dos minerais presentes em uma dada rocha, iniciada na caracterização macroscópica, deve ser conduzida por meio do levantamento das propriedades óticas desses minerais, bem como de suas feições e seus arranjos, todos indicativos das condições sob as quais esses materiais pétreos se formaram, tenham eles origem ígnea ou metamórfica. Para isso, e excluídos os minerais opacos, serão necessárias observações com o uso de um microscópio de luz transmitida, ora com nicóis cruzados, ora descruzados. No caso da identificação dos opacos, sempre em conteúdos muito reduzidos, afora casos raros, as observações serão efetuadas com a utilização da luz refletida, recurso este que pode estar presente no mesmo equipamento. Identificados os minerais, a análise de uma lâmina completa-se com a descrição da textura e encerra-se com a denominação da rocha em estudo, confirmando e complementando as descrições prévias levantadas na fase da caracterização petrográfica macroscópica. Como referências para as definições de texturas apresentadas nesta obra, destacamos os trabalhos de Williams, Turner e Gilbert (1982), Hatch, Wells e Wells (1987), Pichler e Schmitt-Riegraf (1987), Shelley (1993) e Hibbard (1995).

Como bem lembrado por Mackenzie, Donaldson e Guilford (1982, p. 3), no estudo das lâminas delgadas apenas uma visão bidimensional está presente. Por consequência, para se ter uma ideia mais próxima dos verdadeiros arranjos texturais de uma rocha, que de fato são tridimensionais, serão necessárias deduções com base em observações das disposições dos cristais presentes nas lâminas descritas.

Ao final dessas etapas descritivas da investigação, será possível ter uma ideia razoavelmente completa da sequência de eventos geológicos que atuaram ao longo do tempo geológico em uma determinada região e que foram os responsáveis pela geração das suas rochas. Então cabe ressaltar que nesta obra, assim como em outras que se ocupam com petrografia, trabalha-se com os entendimentos de que toda e qualquer rocha tem em seus arranjos texturais as marcas dos processos envolvidos em suas formações e que toda e qualquer textura é resultante das relações geométricas entre os seus componentes, quer sejam estes apenas cristais, quer sejam cristais e outros materiais amorfos presentes.

Nesta edição, revisada e ampliada, houve adição de informações em todos os capítulos, em especial ao texto do Cap. 5, no qual eram apresentados apenas exemplos para aplicações de rochas ígneas e metamórficas contemporâneas. Neste caso, as informações acrescentadas dizem respeito a materiais pétreos aplicados em construções históricas. Para a identificação de materiais, tanto contemporâneos quanto históricos, mantém-se a recomendação para o levantamento preliminar de características macroscópicas, tais como cor, tamanho de grão e estruturas. Em especial para os históricos, informações microscópicas somente serão possíveis se antigas áreas de extração forem conhecidas. Também foi acrescentado um novo capítulo, o de número 6, que traz a petrografia macroscópica relacionada, de maneira inédita, à descrição de produtos da degradação para materiais pétreos com usos histórico e contemporâneo.

Ao final, além de mantido o roteiro para a caracterização petrográfica das rochas com início nas informações sobre caracterização macroscópica, seguidas pelas descrições de texturas propriamente ditas, foi acrescentado um outro roteiro com indicações petrográficas para a produção de diagnósticos sobre o estado de degradação de materiais pétreos aplicados.

Antônio Gilberto Costa
Professor de Petrologia e Petrografia de Rochas Ígneas e Metamórficas
do Departamento de Geologia do IGC-UFMG e
organizador de cursos de Caracterização e Conservação da Pedra

Disjunções colunares em *plug* riolítico da região de Ipojuca, Pernambuco

Metassedimentos dobrados – Lídice, Rio de Janeiro

Dique de monchiquito cortando tufos piroclásticos na praia da Caieira – Fernando de Noronha, Pernambuco. Acervo do autor

Como destacado na Introdução, uma rocha tem na sua descrição petrográfica macroscópica o ponto de partida para sua caracterização. Com o objetivo de contemplar essa etapa na análise descritiva para rochas ígneas e metamórficas, serão apresentados, a seguir, alguns exemplos dos modos de ocorrência possíveis e algumas feições petrográficas macroscópicas para alguns conjuntos dessas rochas. Isso será feito por meio de ilustrações de seus respectivos afloramentos, contemplando, ainda, a apresentação de estruturas e de outras feições típicas.

1.1 Modos de ocorrência e elementos da petrografia macroscópica para rochas ígneas

Para as rochas ígneas, os modos de ocorrência mais frequentes são: (1) rochas plutônicas – a soleira (ou *sill*), os diques (em anel, radial, anelar ou em forma de cone, assim como os exames de diques), o lacólito, o facólito, o lopólito, o *stock*, o *plug*, o plúton e o batólito; (2) rochas vulcânicas – o cone vulcânico, a caldeira, o derrame, a corrente de lava e o depósito, este último relacionado com as rochas piroclásticas.

Foram selecionadas representações de afloramentos com exposições de rochas plutônicas ou vulcânicas, visando apresentar alguns desses modos de ocorrência, assim como feições relacionadas com granulação, presença ou não de estruturas e coloração. Para o caso das ígneas intrusivas, algumas representações tratam das suas relações com as suas rochas encaixantes.

1.1.1 Intrusão ígnea, feições e relações com as rochas encaixantes

Uma rocha ígnea plutônica, identificada como um plúton ou um batólito, em função da sua menor ou maior dimensão, será sempre intrusiva. Como rocha intrusiva e dependendo da sua composição e do nível crustal onde ocorreu a intrusão, provocará uma menor ou maior transformação nas suas encaixantes.

1
MODOS DE OCORRÊNCIA E PETROGRAFIA MACROSCÓPICA PARA ROCHAS ÍGNEAS E METAMÓRFICAS: EXEMPLOS

No caso em questão, tem-se na Fig. 1.1 a representação de um corpo ígneo plutônico de composição granítica e com dimensões batolíticas aflorante na região de Guanhães (MG). Na Fig. 1.2, tem-se a representação das relações entre uma rocha ígnea intrusiva, identificada como um granito de coloração róseo--avermelhada e de idade Permiana, e seus sedimentos encaixantes pertencentes à Formação Alto Tupungato, em afloramento localizado entre Punta de Vacas e Polvaredas (Cordilheira Frontal), na Argentina. A partir da porção superior da intrusão e em direções diversas, observam-se apófises encaixadas nos sedimentos turbidíticos de coloração acinzentada. Como os processos erosivos ainda não deram conta de remover as rochas sobrejacentes, fazendo com que o granito aflorasse, a visualização deste só se tornou possível por conta da atuação desses processos segundo plano transversal ao corpo e à linha de serra, muito provavelmente como consequência de falhamento.

Fig. 1.1 Frente de lavra para um corpo ígneo plutônico de composição granítica aflorante na região de Guanhães, Minas Gerais. Acervo do autor

Fig. 1.2 Rocha ígnea intrusiva e seus sedimentos encaixantes em afloramento entre Punta de Vacas e Polvaredas (Cordilheira Frontal), na Argentina. Acervo do autor

1.1.2 As rochas plutônicas e suas feições macroscópicas

Do conjunto das rochas plutônicas, mantélicas ou crustais, as graníticas são aquelas que ocorrem em maior volume, podendo apresentar algumas variações mineralógicas e texturais. No caso, é apresentado um afloramento de um sienogranito (Fig. 1.3), aflorante nos arredores de Aswan, Egito, e que, com sua composição granítica, é, segundo classificação proposta pela Subcommission on the Systematics of Igneous Rocks (Streckeisen, 1973), uma rocha que se caracteriza por uma composição quartzo-feldspática, com predomínio dos feldspatos alcalinos sobre o plagioclásio. Com base em descrições macroscópicas no afloramento, a rocha caracteriza-se por sua granulação grossa e pela cor avermelhada dos cristais de feldspatos (Fig. 1.4A).

Apesar do caráter inequigranular para sua granulação, esse material foi empregado, entre 2600 a.C. e 30 a.C., na produção de inúmeros objetos decorativos (arte escultória) e de elementos construtivos por egípcios e romanos (Fig. 1.4B).

1.1.3 As rochas plutônicas e vulcânicas e o tamanho dos grãos

Pela petrografia macroscópica, as rochas ígneas são descritas como faneríticas, na medida em que seus constituintes mineralógicos podem ser individualizados em observações à vista desarmada, como na maioria das ígneas plutônicas. Na impossibilidade dessa distinção, as rochas são descritas como afaníticas, como é o caso da maioria das rochas vulcânicas. Em algumas dessas rochas, alguns cristais podem

Fig. 1.3 *Afloramento de sienogranito nos arredores de Aswan, Egito. Dessa pedreira foram extraídos blocos utilizados no revestimento de pirâmides e na arte escultória. Acervo do autor*

Fig. 1.4 *Objetos de arte escultória produzidos com a utilização do granito de Aswan. Em (A), observar o tamanho dos cristais de feldspato potássico. Em (B), chamam a atenção detalhes da face da esfinge. Acervo do autor*

apresentar tamanhos que em muito excedem o tamanho dos demais constituintes, e estes são descritos como porfiríticos. Além disso, quando esses cristais são bem formados, são descritos como fenocristais. Fazendo parte do grupo de rochas faneríticas, mas também porfiríticas, encontra-se o granito do maciço granítico da região da Serra da Estrela, Portugal (Fig. 1.5A), que é também conhecido como um granito porfirítico do tipo *dent-de-cheval*, exatamente pela presença de cristais porfiríticos de feldspato potássico (Fig. 1.5B). Em diferentes partes do maciço encontram-se variações cromáticas e modificações impostas por processos de alteração, sem perda da característica porfirítica da rocha. Como exemplo de rocha com matriz afanítica, mas com presença de fenocristais, no caso de feldspatos, apresenta-se na Fig. 1.6A uma rocha vulcânica de composição dacítica e aflorante na região de Badaling, China. Nessa região, esse foi o

Fig. 1.5 *(A) Maciço granítico da região da Serra da Estrela, Portugal, e (B) imagem macroscópica desse granito, com destaque para a presença de cristais porfiríticos de feldspato potássico. Acervo do autor*

material utilizado para a construção das paredes laterais da Grande Muralha (Fig. 1.6B).

Fig. 1.6 *(A) Rocha vulcânica de composição dacítica aflorante na região de Badaling, China, e (B) paredes laterais da Grande Muralha, construídas com esse material. Acervo do autor*

1.1.4 As formas dos edifícios vulcânicos

Na construção dos edifícios vulcânicos, as formas destes são influenciadas pela composição dos magmas, que, por sua vez, são determinantes para a presença ou não de episódios explosivos, bem como de suas intensidades. Dentre os tipos mais frequentes, encontram-se os chamados escudo-vulcões, como os vulcões Mauna Loa e o Kilauea, no arquipélago do Havaí, e os estratovulcões, também denominados vulcões compostos, como é o caso do vulcão Santorini, na Grécia, do Vesúvio, na Itália, e do Osorno, no Chile. Enquanto os primeiros caracterizam-se por estruturas com cumes que ocupam grandes áreas e flancos com baixas inclinações, resultando no recobrimento de grandes áreas, por conta da fluidez de suas lavas, os compostos ou os do tipo estrato caracterizam-se pela presença de cones com crateras que ocupam áreas menores e por flancos íngremes. Outra característica desses vulcões é a frequente intercalação de material piroclástico e fluxos de lavas, sendo comuns erupções do tipo plinianas e estrombolianas. Ainda como elemento de diferenciação entre esses tipos, pode-se mencionar a composição, que nos primeiros tende a ser básica, enquanto nos segundos pode variar de basáltica a riolítica. Algumas manifestações vulcânicas, envolvendo magmas muito viscosos, normalmente dacíticos, levam à formação de estruturas dômicas, também conhecidas como domos de lava. Por conta dessa composição mais viscosa para os magmas envolvidos na formação desses domos, acabam ocupando áreas reduzidas. A construção dessas estruturas pode ainda vir acompanhada por alguma atividade explosiva. Para as representações desse caso, tem-se na Fig. 1.7 o edifício do vulcão Osorno, Chile, e na Fig. 1.8 parte do arquipélago vulcânico de Santorini, observada a partir da ilha Nea Kameni, localizada na parte central da caldeira desse vulcão.

Descrito como do tipo composto e localizado no mar Egeu, o vulcão de Santorini é formado por uma grande caldeira, que se encontra em parte submersa e rodeada por parte de seus flancos, representados pelas ilhas de Thera (Santorini) e Thirasia. O colapso da parte central do vulcão deu-se por conta do vazio criado pela liberação de enormes volumes de gases e materiais sólidos. Atualmente, as ilhas de Palea Kameni e Nea Kameni, localizadas na parte central do complexo, representam uma nova cratera e foram formadas por conta das últimas manifestações desse vulcão, ocorridas entre 46 d.C. e 726 d.C. e entre 1570 e 1950, respectivamente. Atividades exalativas envolvendo

Fig. 1.7 *Edifício do vulcão Osorno, na região sul do Chile. Acervo do autor*

Fig. 1.8 *Parte do complexo vulcânico de Santorini, observada a partir da ilha Nea Kameni, Grécia. A ilha representa uma nova cratera na parte central do antigo complexo. Ao fundo se observa parte da caldeira do antigo vulcão. Acervo do autor*

vapores, dióxido de carbono e enxofre são frequentes na ilha Palea Kameni. Ao contrário das manifestações mais antigas, caracterizadas por grandes volumes de material piroclástico, como os depósitos da ilha de Thera, comportando extensos depósitos de cinzas e de púmice, as atividades mais atuais caracterizam-se por derrames de lavas de composição predominantemente andesítica. A ilustração apresentada foi tomada a partir da ilha Nea Kameni e tem como destaques a corrida de lava de 1950, à esquerda, e, ao fundo, partes de um dos flancos do antigo vulcão, aqui representado pela ilha de Thera, com a cidade de Fira ao alto. Na Fig. 1.9 tem-se a representação de corpos dacíticos da região de Cerro Blanco, Argentina, associados a rochas piroclásticas e contendo xenólitos do embasamento, que se destacam na paisagem e correspondem a domos de lava. Localizados entre a Pré-Cordilheira Oriental e a Cordilheira Frontal, a subida dos corpos dacíticos e suas consolidações foram precedidas por vulcanismo piroclástico, cujos fluxos recobriram em parte os depósitos turbidíticos da Formação Punta Negra.

1.1.5 Vulcões, feições dos derrames de lavas e fragmentos

A sequência de imagens da Fig. 1.10, levantadas em 24 de outubro de 2011, está relacionada com as atividades do vulcão Etna, ocorridas em 23 de outubro de 2011. Na parte superior do complexo vulcânico, constituído por inúmeros cones secundários e em área situada acima daquela identificada como Torre do Filósofo, que se encontra a 2.920 m, observa-se evidência de corrida de lava na margem leste da Nova Cratera Sudeste, mostrada na parte direita da foto e assinalada pela coloração marrom-avermelhada das rochas, que apresentam

Fig. 1.9 *Corpos dacíticos da região de Cerro Blanco, Argentina. No detalhe tem-se uma imagem de um afloramento de rochas piroclásticas associadas. Acervo do autor*

Fig. 1.10 *Registro das atividades do vulcão Etna, Itália, ocorridas em outubro de 2011. Acervo do autor*

aspecto escoriáceo. Há presença também de depressões em área recoberta por escória de granulometria fina provocadas pela queda de bombas e blocos ejetados ao longo da erupção. Segundo relato emitido pelos vulcanólogos do Istituto Nazionale di Geofisica e Vulcanologia – Osservatorio Etneo,

> as atividades no Etna, iniciadas no anoitecer do dia 23 de outubro, ocorreram na Nova Cratera Sudeste e foram descritas como explosivas, mas fracas no início. Essas atividades intensificaram-se rapidamente e às 20h e 7min a cratera estava completamente preenchida com lava. A lava extravasou por meio de uma fenda na margem leste da cratera e se deslocou na direção do Valle del Bove. Às 20h e 26min, atividade explosiva estromboliana transicionou para fontes de lavas contínuas que ascenderam a algumas dezenas de metros acima da margem da cratera. Às 20h e 36min, um conduto abriu-se sobre o flanco SE do cone, produzindo uma segunda fonte de lava, levando a um aumento significativo na efusão desta. A altura das fontes de lava aumentou significativamente após as 21h, alcançando 300 m acima da cratera. Por volta das 21h e 30min, um terceiro conduto tornou-se ativo dentro da nova cratera, possivelmente próximo à margem norte. Abundantes quantidades de tefra caíram sobre o flanco leste do cone, formando uma densa cortina de cinzas e fragmentos vulcânicos, enquanto grandes blocos incandescentes rolaram para a base do cone. Aproximadamente às 22h e 30min, tanto a atividade efusiva como a explosiva mostraram uma marcante redução, variando novamente para atividade estromboliana por volta das 23h, e cessando juntos às 23h e 15min. O fluxo de lava continuou a avançar na direção do Valle del Bove até por volta das 00h e 40min de 24 de outubro e estagnou próximo ao Monte Centenari (1.900 m acima do nível do mar). A área mais pesadamente afetada pela queda de tefra (cinzas e pequenos *lapilli* escoriáceos) foi o flanco leste do vulcão Etna, incluindo diversas cidades e povoados situados até 18 km da montanha vulcânica.

Na Fig. 1.11A se observam outras feições, sendo as duas primeiras relacionadas a derrames antigos do Etna e representadas por lavas do tipo Pahoehoe ou encordoadas e aquelas do tipo AA, que são escoriáceas, mais viscosas e que apresentam superfícies irregulares em consequência da perda rápida de gases. Na Fig. 1.11B têm-se bombas e outros fragmentos produzidos em erupções do Etna e observados em pontos localizados na parte superior do complexo.

Fig. 1.11 (A) Feições típicas para derrames antigos e derrame recente no vulcão Etna e (B) bombas e outros fragmentos produzidos em erupções do mesmo vulcão. Acervo do autor

1.1.6 Vulcões e atividades explosivas

As erupções vulcânicas podem ser de diferentes tipos. Algumas envolvem apenas derrames de lavas, enquanto outras podem envolver derrames entremeados com diversas fases de vulcanismo de caráter explosivo ou piroclástico, sempre em conformidade com as composições dos magmas envolvidos e os respectivos conteúdos em gases e água, incluindo a de origem meteórica. Como resultado, são gerados depósitos por queda, por fluxo e ainda por conta da ação das chamadas ondas piroclásticas, que, com seus deslocamentos laterais, acabam por contribuir ou não para a presença de estratificações e dispersões horizontais.

As erupções mais violentas e com alto poder destrutivo são conhecidas como do tipo plinianas. Descrita por Plínio, o Jovem, para o Vesúvio, em 79 d.C., uma erupção desse tipo caracteriza-se por atividades explosivas envolvendo explosões de magmas muito viscosos, com a produção de imensas nuvens ou colunas contendo cinzas, gases e fragmentos de rochas e que podem alcançar mais de 20 km de altura. Outro tipo de erupção é a estromboliana, que se caracteriza por explosões muito fortes, encarregadas de lançar bombas de lava e blocos com altos conteúdos em gases, a distâncias que variam conforme a intensidade das explosões. Ainda no grupo das erupções violentas, encontram-se as denominadas peleanas, as quais ocorrem quando magmas muito ácidos bloqueiam as saídas das chaminés vulcânicas, mas, por conta das pressões internas, acabam por escapar pelas encostas dos edifícios vulcânicos, misturados com gases e cinzas. Esse conjunto alcança valores elevados de densidade e, por conta disso, corre edifício abaixo, formando as chamadas nuvens ardentes, que assim podem alcançar grandes velocidades. Ao contrário destas, as erupções do tipo havaiana caracterizam-se pela liberação de lava pobre em sílica, sem a presença de conteúdos elevados em gases. Normalmente, alcançam a superfície a partir de fissuras, o que resulta na formação dos conhecidos rios de lava e que, por conta da fluidez dos magmas envolvidos, podem percorrer até muitos quilômetros.

Os depósitos de púmice, de cinzas e de outros fragmentos, a presença da obsidiana, bem como dos chamados tufos vulcânicos, ocupando às vezes extensas áreas, constituem os registros dessas atividades vulcânicas explosivas. Assim, a distribuição desses tipos de fragmentos, considerando tamanho e forma, bem como as distâncias em que estes se encontram a partir dos cones vulcânicos, ou ainda intercalações, por exemplo, de níveis com fragmentos de púmice fina com aqueles de granulometria maior, resultam na presença de estratificações condicionadas à intensidade e à frequência ou repetição das manifestações vulcânicas em uma dada região. No caso, por exemplo, de vulcões situados na parte sul da Itália, como nos da região da Campanha, incluindo o Vesúvio (Fig. 1.12), no vulcão Laacher, na região do Eifel, Alemanha (Fig. 1.13), no de Santorini, Grécia (Fig. 1.14), e naqueles que deram origem às chamadas ilhas Eólias, como a de Lipari, na Itália (Fig. 1.15), essas estratificações, definidas por intercalações de tufos constituídos por cinzas com outros constituídos por ou contendo fragmentos centimétricos até blocos, atestam não só diferenças ou variações em termos de intensidades para as várias manifestações ocorridas ao longo da história eruptiva para esses vulcões, como também variações nas composições dos materiais extrudidos. Da ilha de Lipari, vem um detalhe envolvendo ejeções de lavas riolíticas superaquecidas, ricas em gases dissolvidos e altamente pressurizadas, que de modo altamente explosivo resultaram na produção de espessas camadas de púmice e fluxos de lava obsidiana, que em parte compõem a formação Rocche Rosse, na área do vulcão Monte Pilato. Em afloramento, observa-se uma alternância entre bandas brancas (púmice) e pretas (obsidiana), que representam rochas formadas por essas ejeções, em que, em cada ciclo, a geração de pomes vesiculada deu lugar a fluxos de obsidiana por desgaseificação do magma. Outra feição relaciona-se com as bandas de obsidiana, em que se observa a presença de inclusões esferulíticas (agregados de dois minerais separados) brancas organizadas linearmente e que contrastam com a obsidiana preta. Certamente esses alinhamentos refletem a direção para o fluxo de lava de vidro viscoso, resfriada bruscamente, e, nesses casos, os esferulitos formaram-se durante um posterior processo de devitrificação (*deglassing processes*), que atuou nas bandas de obsidiana, resultando na formação de minerais como cristobalita e feldspatos.

Fig. 1.12 *Detalhes para depósitos piroclásticos do vulcão Vesúvio, Itália. Notar estratificação definida pela variação no tamanho dos fragmentos. Acervo do autor*

Fig. 1.13 *Depósito piroclástico do vulcão Laacher, Alemanha. Observar a presença de bombas em diferentes níveis do depósito, que ocorrem intercalados com outros, mas compostos por fragmentos finos (cinzas). Acervo do autor*

Fig. 1.14 *Sequência em depósito piroclástico do vulcão Santorini, Grécia, com alternância entre níveis compostos por fragmentos de dimensões diferentes. Acervo do autor*

1.1.7 Os vulcões e as fumarolas

São denominadas fumarolas as aberturas localizadas em áreas próximas ou no próprio edifício de um vulcão, notadamente em sua cratera, sejam elas fissuras, orifícios ou fraturas, e que permitem a passagem e liberação de vapores e gases, em parte de fonte magmática. Na Fig. 1.16, podem ser observadas várias fumarolas na cratera do vulcão Vulcano, que corresponde a uma das chamadas ilhas Eólias, localizadas ao norte da Sicília, na parte sul do mar Tirreno. Esse caso chama a atenção pela constância

Fig. 1.15 *(A) Parte do vulcão que forma a ilha de Lipari, Itália, e (B) detalhe desse edifício marcado pela alternância entre bandas brancas (púmice) e pretas (obsidiana). Nestas últimas, observar a presença de pontos esbranquiçados (esferulitos). Acervo do autor*

Fig. 1.16 *Vulcão Vulcano, Itália, e suas diversas fumarolas. Acervo do autor*

Fig. 1.16 *(continuação)*

das atividades fumarólicas, que continuamente liberam dióxido de enxofre, com formação de cloreto de amônia e de enxofre nativo. No caso das fumarolas que emitem gases sulfurosos, é empregada a denominação sulfatara.

1.1.8 Rochas vulcânicas e as estruturas do tipo *pillow lavas*

O resfriamento de porções de lava em ambiente submarino leva à formação de estruturas almofadadas, denominadas *pillow lavas*. No exemplo da Fig. 1.17, porções de lava cristalizada mostrando estruturas almofadadas foram formadas em atividades relacionadas com o vulcão Etna ocorridas na pré-história e no século XIV, e indicam transição para as atividades vulcânicas entre ambientes subaéreo e submarino. Aflorando na região costeira da cidade de Catânia, Sicília, em uma área conhecida como Aci Castello Castle Rock, as *pillows* mostram espaços *interpillows*, em parte preenchidos por vidro com coloração preta. Às vezes, esses materiais, também identificados como brecha hyaloclastita, encontram-se associados a um material de coloração amarelo-amarronzada, identificado em parte como palagonita, cuja origem deu-se em razão de reações entre água do mar e vidro basáltico, durante o derrame e a cristalização. Na Fig. 1.18 essas transformações podem também ser percebidas nos espaços entre *pillows* em um depósito da ilha vulcânica da Islândia, na região de Valahnúkamöl. Na Fig. 1.19 observam-se *pillow lavas* deformadas e associadas a uma sequência de rochas sedimentares intercaladas com lascas ofiolíticas e interpretada como parte de um prisma acrescionário. Essas estruturas afloram em um vale tributário ao Vale de Calingasta, Argentina.

Fig. 1.17 Derrames formados por pillow lavas e aflorantes na região costeira de Catânia, Itália. Nos detalhes, à direita, observar a forma das estruturas e a presença de vidro (preto) e material secundário de cor amarelada nas porções interpillow. Acervo do autor

Fig. 1.18 Derrames na região de Valahnúkamöl, Islândia, com destaque para um depósito de pillow lavas com formas alongadas e com presença de material vítreo e secundário nos espaços interpillow. Acervo do autor

Fig. 1.19 *Depósito de* pillow lavas *em vale tributário ao Vale de Calingasta, Argentina. Notar as dimensões e as formas das estruturas. Acervo do autor*

1.1.9 Rochas vulcânicas e as estruturas colunares

A estrutura típica de basaltos e resultante de processos de fraturamento por contrações ocorridas na fase de cristalização dos magmas é aqui representa-

da pelos exemplos das Figs. 1.20 a 1.24. Na Fig. 1.20 apresenta-se basalto colunar aflorante na praia de Acitrezza, na Riviera dei Ciclopi, em Catânia, Sicília. O material exposto, segundo superfície transversal às colunas, corresponde ao das primeiras manifestações relacionadas com o processo de formação do vulcão Etna, no Pleistoceno Médio (aproximadamente 600 mil anos atrás). Nas Figs. 1.21 a 1.24 têm-se, respectivamente, colunas de basalto da Formação Serra Geral aflorante na região de Torres (RS); basalto colunar associado a derrames terciários aflorantes na ilha de Skye, no arquipélago das Hébridas, Escócia; disjunções colunares de Stolpen, Saxônia, que inspiraram o

Fig. 1.20 *Basalto com disjunções colunares aflorante na região costeira de Catânia, Itália. Acervo do autor*

Fig. 1.21 Disjunções colunares em basalto da Formação Serra Geral aflorante na região de Torres, Rio Grande do Sul. Acervo do autor

Fig. 1.22 Basalto colunar associado a derrames terciários aflorantes na ilha de Skye, Escócia. Acervo do autor

Fig. 1.23 Basalto com disjunções colunares aflorante em Stolpen, Saxônia, Alemanha. Esses basaltos foram considerados por Werner na proposição da teoria Neptunista. Acervo do autor

Fig. 1.24 Reynisdrangar Rocks *formadas por disjunções colunares aflorantes na praia Reynisfjara, Islândia. Acervo do autor*

neptunista Abraham Werner; e as *Reynisdrangar Rocks*, que são disjunções aflorantes na praia Reynisfjara, na Islândia.

1.1.10 Rochas vulcânicas e outras estruturas decorrentes das condições de cristalização

Durante o processo de cristalização de rochas vulcânicas, notadamente nos basaltos, os resfriamentos rápidos e a perda de gases e voláteis podem levar à formação de cavidades preenchidas, conhecidas como amígdalas, contendo, por exemplo, zeólitas, ou de vesículas, se vazias. O preenchimento dessas cavidades pode também ocorrer posteriormente, envolvendo, por exemplo, material rico em sílica e a cristalização de ágata ou calcedônia. No caso do tipo vesicular (Fig. 1.25), o exemplo é de um leucita tefrito, da região de Bagnoregio, próxima ao lago Bolsena, na província de Viterbo, Itália. Comercializado com a denominação geral de basalto Basaltina, essa rocha, que corresponde a um leucita tefrito, tem, entre os seus tipos comerciais, dois que são diferenciados por cortes paralelos ou perpendiculares às linhas de vesículas. No caso dos amigdaloidais (Fig. 1.26), o exemplo é o do basalto da Formação Serra Geral, que aflora em diversos pontos do Rio Grande do Sul, com frequência em contato com arenitos e que se caracteriza pela presença de amígdalas preenchidas por zeólitas, quartzo, ágata e calcedônia. Nota-se a orientação das amígdalas indicativa de fluxo circular no contato com depressões no arenito.

Fig. 1.26 *Basalto da Formação Serra Geral, aflorante no Estado do Rio Grande do Sul. Acervo do autor*

1.1.11 Modos de ocorrência de rochas vulcânicas ácidas

Do conjunto de rochas ígneas vulcânicas ácidas, os riolitos e os ignimbritos apresentam feições texturais muito particulares. Enquanto os primeiros

Fig. 1.25 *Leucita tefrito da região de Bagnoregio, Itália. Acervo do autor*

caracterizam-se por matrizes finas, resultantes de cristalizações rápidas, mas contendo fenocristais de feldspato e de quartzo, os ignimbritos são formados pela deposição e consolidação de materiais piroclásticos envolvendo desde cinzas até outros fragmentos maiores, como *lapilli* e bombas. Nos exemplos apresentados, tem-se na Fig. 1.27 a ocorrência de um riolito do Permiano Inferior e aflorante na área de Trentino, Alto Ádige, Itália. Essa rocha, resultante da cristalização de magma ácido rico em uma mistura de líquidos e gases, mas muito viscoso, é essencialmente constituída por fenocristais de sanidina, quartzo e plagioclásio, em meio a uma matriz fina, que em parte é vítrea. Seu modo de ocorrência, perfeitamente em sintonia com a sua composição, pode ser descrito como o de um corpo com estrutura subvertical, mas apresentando estratos que se mostram paralelos e se repetem. Essa estratificação pode ser explicada pela atividade tectônica intensa e dobramentos ocorridos na área e que impuseram algumas modificações no modo de ocorrência dessa rocha. Como em outras regiões com vulcanismo ácido, verifica-se a associação desse material com ignimbritos. Na Fig. 1.28 têm-se afloramentos e feições típicas de rochas ignimbríticas, com presença de fragmentos de dimensões variadas e pertencentes às formações Ventana e Ñirihuau, em San Carlos de

Fig. 1.28 *Afloramento e feições típicas de rochas ignimbríticas em San Carlos de Bariloche, Argentina. Acervo do autor*

Fig. 1.27 *Riolito do Permiano Inferior aflorante na região de Trentino, Itália. Acervo do autor*

Bariloche, Argentina. Na Fig. 1.29 têm-se detalhes de um depósito de material piroclástico distal, gerado por atividade vulcânica pliniana do tipo queda (*pyroclastic fall deposit*), e relacionado com o vulcanismo de Campi Flegrei, Itália. A sequência de camadas (*pumice fall deposit*) mostra, sobretudo, variações granulométricas indicativas de mudanças nos estilos e intensidades das erupções e contém fragmentos de púmice e de clastos líticos com granulações do tipo *lapilli* (fina até grossa). Essa sequência, posicionada na base do ignimbrito da Campanha, encontra-se exposta em afloramentos, como nesse situado entre Nápoles e a parte SW dos Apeninos. Na Fig. 1.30 tem-se rocha piroclástica da ilha de Vulcano, Itália, com camadas de fluxo (*flow-layering structure*) em escala milimétrica até centimétrica geradas por soldagem e reomorfismo em depósito piroclástico. Nota-se ainda deformação paratáxítica da matriz em torno de cristaloclastos e fragmentos líticos, que em parte encontram-se rotacionados. Por fim, na Fig. 1.31 se observam feições dos depósitos piroclásticos ignimbríticos da região do Engenho Saco (PE). De idade cretácea e alojados em bacia sedimentar, apresentam visível estruturação plano-paralela (textura eutaxítica), na qual os fragmentos se encontram bem soldados e representados por cristaloclastos e litoclastos, juvenis, cognatos e acidentais. Destaque para a presença de *fiammes* achatados e compactados.

1.1.12 As rochas vulcânicas e seus registros

As rochas vulcânicas são importantes fontes de informações, tanto para o entendimento dos processos de diversificação das rochas ígneas quanto para a identificação de diferentes ambientes geotectônicos, nesses casos por conta de suas diversidades químico-mineralógicas. Além disso, e assim como outras rochas vulcânicas, alguns basaltos se destacam, pois transportam até a superfície partes de outras rochas (xenólitos), que devem corresponder às primeiras rochas cristalizadas a partir deles ou mesmo a partes não fundidas do manto. Na Fig. 1.32 tem-se um exemplo de basanito com disjunções colunares sub-horizontais e com xenólitos, aflorante na ilha de São José, no Arquipélago de Fernando de Noronha, e na Fig. 1.33 vê-se um exemplo de basalto com xenólitos, proveniente do vulcão

Fig. 1.29 *Depósito distal de material piroclástico do vulcão Vesúvio aflorante entre Nápoles e a parte SW dos Apeninos, Itália. Acervo do autor*

Fig. 1.30 *Rocha piroclástica da ilha de Vulcano, Itália, com destaque para a presença de camadas de fluxos. Acervo do autor*

Fig. 1.31 (A) Depósitos piroclásticos ignimbríticos da região do Engenho Saco, Pernambuco, e (B) detalhe do depósito onde se observa a presença de fragmentos achatados e em posição sub-horizontal. Acervo do autor

Fig. 1.32 Basanito aflorante no Arquipélago de Fernando de Noronha. Notam-se disjunções colunares sub-horizontais e a presença de inúmeros xenólitos de material de origem mantélica. Acervo do autor

Fig. 1.33 Basalto do vulcão Des Baumes com xenólitos mantélicos e aflorante na região do Languedoc, França. Acervo do autor

Des Baumes, localizado em Caux, ao norte de Pézenas, na região do Languedoc, França. Diferentes quanto aos ambientes em que se manifestaram, o primeiro está associado com vulcanismo em crosta oceânica e o segundo, com um tipo intracontinental; com relação ao tempo, ambos trazem essas partes de rochas ou xenólitos. Com coloração verde e textura granular, elas são constituídas por minerais tais como olivina, ortopiroxênio e clinopiroxênio, e petrograficamente são identificadas como peridotito ou dunito, considerando-se os conteúdos dos minerais mencionados.

1.2 Modos de ocorrência e elementos da petrografia macroscópica para rochas metamórficas

Para as rochas metamórficas, foram selecionados afloramentos com exposições desses materiais representando modos de ocorrência associados a diferentes ambientes tectônicos, com destaque para aqueles influenciados ou não pela atuação de esforços e pela temperatura, com a geração ou não de estruturas planares. Foram também considerados exemplos desses modos influenciados pelo hábito e pela granulação dos minerais envolvidos.

1.2.1 Estruturas típicas das rochas metamórficas de baixo grau

Na transição dos folhelhos para ardósias e xistos, desenvolvem-se estruturas planares denominadas pelos termos clivagem ardosiana e xistosidade, que constituem as diferenças entre rochas sedimentares muito finas, ricas em argilas, e os seus primeiros produtos metamórficos. Entre os dois termos, a diferença reside na feição mais penetrativa da primeira, quando comparada com a segunda. Por sua vez, esse caráter mais penetrativo, encontrado nas ardósias, só é possível por conta de uma distribuição mais regular dos seus altos conteúdos em filossilicatos, orientados por conta das pressões dirigidas e pela granulação mais fina dessas rochas. Originalmente, as ardósias podem apresentar planos de estratificação, e, com frequência, a clivagem desenvolvida não coincide com esses planos, mostrando-se oblíqua em relação a eles. Ainda no caso das ardósias, além da sericita e da clorita, outros minerais podem estar presentes em proporções variadas, como o quartzo e os carbonatos. Com o aumento do grau metamórfico, minerais opacos, quando presentes, podem reagir formando cristais maiores de magnetita, o que pode conferir a essas rochas uma feição textural diferente. Quando esses óxidos se alteram, podem conferir-lhes colorações avermelhadas ou amareladas. Devido à clivagem ardosiana, as ardósias partem-se segundo placas com espessuras muito regulares, como se pode observar em áreas de extração de ardósias, por exemplo, na região de Arouca (Fig. 1.34A) e na região de Guimarães (Fig. 1.34B), ambas em Portugal.

Fig. 1.34 *Áreas de extração de ardósias nas regiões de (A) Arouca e (B) Guimarães, ambas em Portugal. Acervo do autor*

1.2.2 Rochas metamórficas e os conteúdos em filossilicatos

Nas rochas metamórficas, à medida que aumenta o conteúdo em minerais prismáticos, como o quartzo, e reduz o dos filossilicatos, diminui a capacidade dessas rochas de se partirem segundo planos bem definidos. Os quartzitos ilustram bem essa situação, na medida em que, quando puros ou mesmo contendo altos conteúdos em minerais, como a cianita ou a dumortierita, não se partem ou apenas se partem se esses minerais estiverem constituindo bandas, portanto, planos de descontinuidade. No caso de quartzitos com altos conteúdos em micas, as partições serão possíveis desde que esses minerais configurem estruturas planares, como no caso dos quartzitos da Formação Moeda (Fig. 1.35A), extraídos nas Lajes, Ouro Preto, e da região do Serro (Fig. 1.35B), ambos em Minas Gerais. Quartzitos puros, como alguns da região de Diamantina (MG) (Fig. 1.35C), são maciços e não se partem com facilidade.

Fig. 1.35 *Quartzitos com estruturas planares (A) aflorantes em Ouro Preto e (B) da região do Serro. Em (C), quartzito maciço da região de Diamantina. Todos são de Minas Gerais. Acervo do autor*

1.2.3 Feições de rochas metamórficas relacionadas a um complexo de subducção

Nos complexos de subducção ou zonas de convergência, as condições de temperatura e de pressão mostram variações significativas entre a região de um prisma acrescionário e o arco vulcanoplutônico formados. Assim, na região de um prisma, o metamorfismo será caracterizado por temperaturas baixas e pressões que vão variar de baixas até muito altas, podendo resultar na presença de associações de rochas de baixo grau, como os xistos azuis, também denominados glaucofana xistos. Xistos verdes ou prasinitos, com albita, epidoto, actinolita e clorita, encontram-se associados como alterações de paragêneses eclogíticas exumadas. Às vezes, essas rochas contêm vestígios reliquiares de estruturas *pillow lavas*, que atestam suas vinculações com a crosta oceânica. Exemplos dessa mistura de xistos azuis e verdes estão presentes em diversos cinturões metamórficos de alta pressão, como aqueles localizados na praia de Pichilemu, Chile (Fig. 1.36); na ilha de Groix, costa atlântica da Bretanha, França, com clara distinção entre azuis e verdes (Fig. 1.37); nas regiões de Ascendi Pipa e Convento de Santa Catarina, Córsega (Fig. 1.38); e no desfiladeiro de Lancône, na Córsega (Fig. 1.39), onde

Fig. 1.36 *Intercalações de xistos azuis e verdes de um cinturão metamórfico de alta pressão e aflorantes na praia de Pichilemu, Chile. Acervo do autor*

Fig. 1.37 *Afloramentos de (A) xisto azul com glaucofana e granada e (B) xisto verde (prasinito), ambos na ilha de Groix, França. Acervo do autor*

Fig. 1.38 *Afloramentos com mistura de xistos azuis e verdes (prasinitos) das regiões de (A) Ascendi Pipa e (B) Convento de Santa Catarina, Córsega, França. Acervo do autor*

Fig. 1.39 *Estruturas* pillow lavas *preservadas (núcleos verdes) presentes em meio a associações de xistos azuis e verdes. Desfiladeiro de Lancône, Córsega, França. Acervo do autor*

estruturas *pillows* se encontram preservadas e representadas por núcleos verdes de lawsonita eclogito bordejados por foliação de lawsonita xisto azul, que, por sua vez, se associam a xistos verdes.

1.2.4 Rochas metamórficas e porfiroblastos

No conjunto de minerais metamórficos, alguns apresentam maior capacidade de crescimento e, por conta disso, desenvolvem-se até medir alguns centímetros. Na Fig. 1.40 tem-se um paragnaisse de origem pré-alpina mostrando porfiroblastos de cloritoide recristalizados durante evento de metamorfismo eclogítico. A rocha aflora na região do Monte Mucrone e está associada com a zona de subducção Sesia-Lanzo, onde uma cunha de crosta continental foi eclogitizada durante subducção alpina na parte oeste dos Alpes. Os exemplos das Figs. 1.41 e 1.42 envolvem micaxistos com cordierita da fácies anfibolito de metamorfismo de baixa pressão, aflorantes na região do Taquaral,

Fig. 1.40 *Paragnaisse de origem pré-alpina com porfiroblastos de cloritoide, aflorante na região do Monte Mucrone, Itália. Acervo do autor*

Fig. 1.41 *Micaxistos com porfiroblastos de cordierita da região do Taquaral, no Médio Vale do rio Jequitinhonha, Minas Gerais. Acervo do autor*

Médio Vale do rio Jequitinhonha (MG), e em Arres, no Val d'Aran, Pirineus Centrais, Espanha, respectivamente. Na Fig. 1.43 tem-se gnaisse na transição do fácies anfibolito para o granulito com porfiroblastos de granada e blastos de cianita da região de Carvalhos, sul de Minas Gerais.

1.2.5 Estruturas presentes em rochas metamórficas de médio e de alto grau

Com a série de imagens apresentada, procura-se caracterizar uma rocha metamórfica com estruturação gnáissica (Fig. 1.44A), identificada pela alternância de bandas claras e escuras, contínuas ou não. No caso em questão, esse gnaisse aflora na região de Abre Campo (MG) e contém intercalações não contínuas de material com coloração avermelhada e rico em granadas (Fig. 1.44B) e de outro com coloração esverdeada e rico em cloritas e anfibólios (Fig. 1.44C). A rocha mostra-se afetada por evento deformacional, que impôs dobramentos à sua estrutura original. Em algumas partes do afloramento, as antigas estruturas do gnaisse encontram-se verticalizadas e apresentam-se interrompidas na base e no topo por essa nova estruturação. Identificam-se ainda feições que sinalizam uma fusão parcial e discreta do gnaisse.

1.2.6 Estruturas que indicam a transição entre metamorfismo e migmatização

Rochas metamórficas de alto grau, com granulação fina, ricas em piroxênios e plagioclásio e com coloração escura, afloram no leste de Minas Gerais e no oeste do Espírito Santo com alguma frequência. Em alguns locais, essas rochas mostram sinais de fusão parcial, resultando na presença de estruturas tais como *schlieren* ou linhas de máficos (Fig. 1.45A), resíduos e restos de melanossomas (Fig. 1.45B), bem como de leucossomas associados com metatexitos e diatexitos não homogêneos, de coloração esbranquiçada e composição intermediária, como no caso de exemplos de estruturas apresentadas e que afloram às margens da BR 262, próximo ao trevo para Muniz Freire (ES). Na Fig. 1.46 têm-se dois exemplos de gnaisses com feições de migmatização, com estruturas do tipo dobrada e *schollen*, aflorantes na região de Abre Campo (MG).

Fig. 1.42 *Micaxistos com porfiroblastos de cordierita aflorantes em Arres no Val d'Aran, Espanha. Com frequência também se observa a presença de porfiroblastos de andaluzita e de estaurolita.* Acervo do autor

Fig. 1.43 *Gnaisse aflorante na região de Carvalhos, Minas Gerais, com porfiroblastos de granada e blastos de cianita.* Acervo do autor

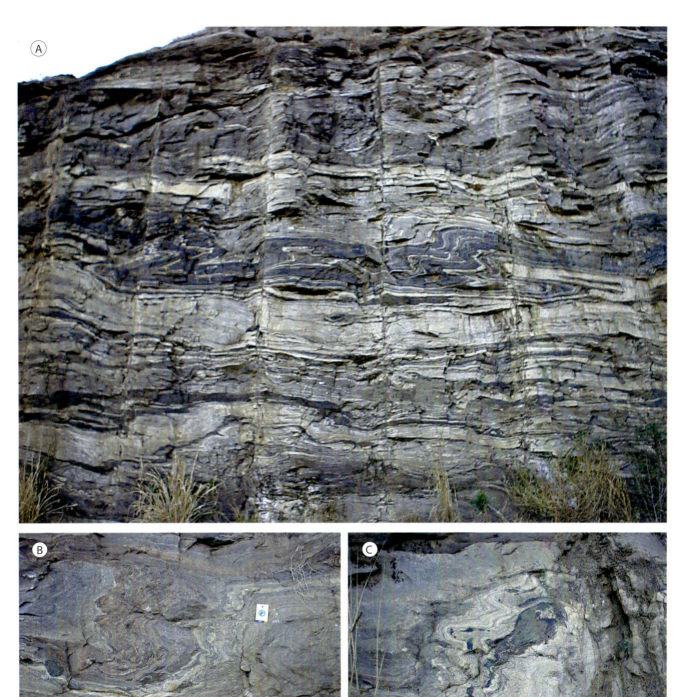

Fig. 1.44 *Estruturas encontradas em gnaisses da transição entre os graus médio e alto, aflorantes na região de Abre Campo, Minas Gerais. Acervo do autor*

1.2.7 Feições de rochas metamórficas relacionadas a ambientes de subducção com evidências de exumação

Nos complexos de subducção ou zonas de convergência, rochas anfibolíticas sofrem metamorfismo sob condições de fácies eclogito como resultado da transformação de crosta oceânica previamente hidratada e subductada no manto. Posteriormente, quando exumadas, essas rochas mostram alterações para xistos azuis e verdes. Aqui são apresentados dois exemplos para esse tipo de metamorfismo sob condições de fácies eclogito. No primeiro caso (Fig. 1.47), eclogitos maciços até bandados e contendo granada, onfacita e rutilo foram gerados durante a Subducção Alpina

Fig. 1.45 Estruturas encontradas em gnaisses da região de Muniz Freire, Espírito Santo, mostrando feições de transição entre metamorfismo e migmatização: (A) presença de estruturas do tipo schlieren ou linhas de máficos e (B) resíduos ou restos de melanossomas. Acervo do autor

Fig. 1.46 Estruturas encontradas em gnaisses da região de Abre Campo, leste de Minas Gerais, mostrando feições de transição entre metamorfismo e migmatização, com estruturas (A) do tipo dobrada e (B) schollen. Acervo do autor

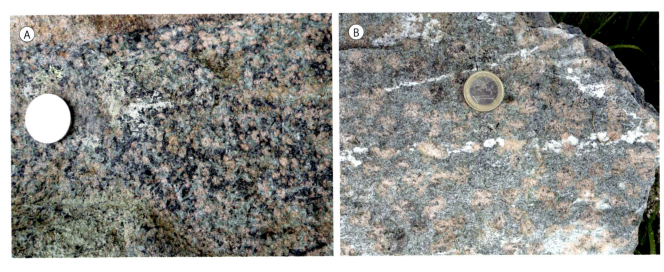

Fig. 1.47 *Eclogitos (A) maciços até (B) bandados contendo granada, onfacita e rutilo. Afloram na região alpina próxima ao lago Mucrone, Itália. Acervo do autor*

e fazem parte da zona de subducção Sesia-Lanzo, aflorantes na região alpina próxima ao lago Mucrone, Itália. No segundo caso, observa-se o produto da transformação de um gabro (Fig. 1.48A), que resultou em uma rocha com matriz esbranquiçada e porfiroblastos esverdeados de onfacita rica em crômio (Cr).

Fig. 1.48 *(A) Metagabro com matriz esbranquiçada e porfiroblastos esverdeados de onfacita rica em crômio da região do lago Chiaretto e (B) serpentinitos da região do lago Fiorenza. Ambas fazem parte do Complexo Metaofiolítico de Monviso, Monte Viso, Itália. Acervo do autor*

Tremolita e talco ocorrem associados. Na Fig. 1.48B nota-se a transformação de um espinélio lherzolito em serpentinito. Relacionadas à Subducção Alpina, essas rochas pertencem ao Complexo Metaofiolítico Alpino de Monviso, Itália.

1.2.8 Mármores: variedade de tipos e formas

Quando puros, os mármores correspondem ao produto do metamorfismo de calcários igualmente puros, que normalmente ocorrem na forma de lentes intercaladas em meio a rochas gnáissicas de grau metamórfico variando de médio a alto. Considerando as impurezas, representadas por matéria orgânica e, ainda, pela presença de outros minerais, tais como micas, piroxênios, anfibólios e óxidos, os mármores podem apresentar uma grande variedade de cores e de estruturas. Devido ao grau de recristalização que apresentam, essas rochas normalmente ocorrem constituindo maciços, o que permite a extração de blocos tanto a céu aberto, como no caso das extrações na região de Itaoca (ES) (Fig. 1.49), quanto em lavras subterrâneas, como na região de Estremoz, Portugal (Fig. 1.50), ou das duas formas, como em Carrara, Itália (Fig. 1.51).

1.2.9 Relações entre cristalização metamórfica e deformação

A cristalização de um determinado mineral pode ser dita pré, sin ou pós-cinemática (ou tectônica), conforme aconteça antes, durante ou depois de um evento deformacional ou tectônico. Portanto, essa cristalização, influenciada por variações, seja de temperatura ou de pressão, pode ser ou não contemporânea a processos deformacionais, que, com suas

Fig. 1.49 *Extração de mármore do tipo a céu aberto na região de Itaoca, Espírito Santo. Acervo do autor*

Fig. 1.50 *Extração de mármore em lavras subterrâneas na região de Estremoz, Portugal. Acervo do autor*

Fig. 1.51 *Extração de mármore a céu aberto e em lavras subterrâneas na região de Carrara, Itália. Acervo do autor*

pressões dirigidas, são responsáveis pelo desenvolvimento de foliações (clivagem e xistosidade) e dobramentos, em diferentes escalas. Essas relações texturais podem ser detectadas a nível macroscópico, como no caso do xisto porfiroblástico aflorante em Arres, nas proximidades de Bossòst, no Val d'Aran (Fig. 1.52), e da ardósia do Vale de Bujaruelo (Fig. 1.53), ambas localizadas nos Pirineus Centrais, Espanha, e fazendo parte de um cinturão metamórfico de baixa pressão herciniano. No xisto, que apresenta evidências de quatro fases de deformação, como descrito por H. J. Zwart (1963), os porfiroblastos de andaluzita, de cordierita, ambos de cor escura, e os de estaurolita (alaranjados) são pré-tectônicos com relação a uma dessas fases de deformação, pois apresentam-se envoltos pela foliação, que, por sua vez, mostra-se crenulada. No segundo caso (Fig. 1.53), as relações entre porfiroblastos de andaluzita e a foliação, ou clivagem, indicam um crescimento para a andaluzita concomitante até posterior ao desenvolvimento da clivagem, mas anterior à sua crenulação. Neste último caso, e complementando informações, constata-se, com base em observações ao microscópio, que alguns dos porfiroblastos mais antigos dessa ardósia, igualmente crescidos sob a influência de um metamorfismo de baixa pressão, mostram algum alongamento de suas geminações, por conta de um crescimento sin-cinemático e com evidente contribuição para perturbações texturais, devido às deformações posteriores sofridas pela rocha.

Fig. 1.52 *Xisto porfiroblástico aflorante em Arres, nos Pirineus Centrais, Espanha. Presença de porfiroblastos de andaluzita, cordierita e estaurolita. Acervo do autor*

Fig. 1.53 *Porfiroblastos de andaluzita em ardósia do Vale de Bujaruelo, nos Pirineus Centrais, Espanha. Acervo do autor*

1.2.10 Metamorfismo e deformação

Quando submetidas a esforços compressivos, as rochas passam por transformações com a geração de estruturas, cujas formas e dimensões são condicionadas pela intensidade desses esforços, pela competência dos tipos pétreos envolvidos e pelo nível crustal no qual ocorreram. Assim, em níveis crustais mais profundos, em que o grau metamórfico é maior, as rochas deformam-se de maneira dúctil, com mudanças nas suas formas e sem o desenvolvimento pronunciado de fraturas. Como exemplos, são mostrados dobramentos gerados em escalas e níveis crustais distintos e envolvendo rochas metamórficas, como: quartzitos da região da Sierra de la Ventana, Argentina (baixo grau) (Fig. 1.54); hornblenda-biotita gnaisse migmatítico da região de Carvalhos (MG) (médio-alto grau) (Fig. 1.55); e sequências turbidíticas nas regiões de Broto, Boltaña e Mediano, na Espanha, e sequência relacionada com a *nappe de charriage* de Gavarnie, na região norte dos Pirineus aragoneses e na fronteira entre a França e a Espanha (baixo-médio grau) (Fig. 1.56).

1.2.11 Feições macroscópicas de milonitos

Para a identificação macroscópica de rochas miloníticas, é necessária uma avaliação das rochas com base nos chamados critérios cinemáticos. Deve-se buscar identificar estruturas de alto ângulo, bem como avaliar as relações entre a foliação milonítica e os eventuais porfiroclastos presentes, assim como a presença de outras estruturas, tais como sombras de pressão, franjas e minerais fitados. Nos exemplos apresentados (Figs. 1.57 a 1.59), as rochas envolvidas tiveram suas texturas e estruturas ígneas e metamórficas transformadas, com o desenvolvimento de estruturas de alto ângulo e foliações penetrativas.

Fig. 1.55 *Estruturas presentes em hornblenda-biotita gnaisse migmatítico da região de Carvalhos, Minas Gerais. Acervo do autor*

1.2.12 Registros de transformações ocorridas em crosta profunda e presentes em rochas metamórficas de alto grau exumadas

Uma rocha metamórfica de alto grau, quando submetida a uma exumação rápida, pode apresentar sua paragênese principal bastante preservada, além de feições relacionadas com a atuação de outros processos, como o da migmatização. No caso em questão, tem-se um exemplo envolvendo um conjunto de rochas, em sua maior parte constituído por gnaisse paraderivado, que afloram nas proximidades de Três Pontas (MG)

Fig. 1.54 *Deformação associada a quartzitos de baixo grau da região da Sierra de la Ventana, Argentina. Acervo do autor*

Fig. 1.56 Deformações observadas afetando rochas de sequências turbidíticas aflorantes nas regiões de (A) Broto, (B) Boltaña e (C) Mediano, na Espanha. Em (D), estruturas em sequência relacionada com a nappe de charriage de Gavarnie, na região norte dos Pirineus aragoneses e na fronteira entre a França e a Espanha. Acervo do autor

Fig. 1.57 Milonito de granito aflorante da região de Simonésia, no leste de Minas Gerais. Acervo do autor

Fig. 1.58 Milonito a partir de granito e gnaisse da região de Além Paraíba, Rio de Janeiro. Acervo do autor

(Fig. 1.60A). O conjunto caracteriza-se pela presença de estruturação definida por alternância de bandas ou porções esbranquiçadas, com outras mostrando tonalidades entre o cinza azulado claro e o cinza-escuro até o preto. Macroscopicamente, (1) identifica-se uma composição quartzo-feldspática para as porções ou bandas esbranquiçadas representadas na Fig. 1.60B, que, além desses minerais, apresentam cristais de granada, às vezes envoltos por cristais de biotita; (2) para as porções ou bandas cinza azuladas identificam-se cristais azulados de cianita, de granada avermelhada, de quartzo e de feldspato potássico; enquanto, (3) para as bandas ou porções cinza escuras até pretas representadas na Fig. 1.60C, a presença predominante é a de palhetas de biotita e de cristais de granada, mais quartzo e feldspatos, nas cinzas, e de anfibólio e de biotita, nas pretas. Considerando-se os conteúdos mineralógicos dos tipos encontrados e outros elementos texturais, bem como estruturas, pode-se concluir pela presença de rocha metamórfica com processo de migmatização seguido por retrometamorfismo. No caso, as porções esbranquiçadas devem corresponder a leucossomas, que, por sua vez, mostram contatos difusos com as partes cinza azuladas e ricas em cianita e granada, que podem ser consideradas resíduos granulíticos de alta pressão, em função do par K-feldspato-cianita. Os contatos difusos entre essas partes indicam que o líquido permaneceu em contato com o resíduo.

Como destacado no início deste capítulo, e antes de passar aos que tratam mais especificamente dos procedimentos da petrografia microscópica, uma rocha

Fig. 1.59 *Protomilonito de granito da região de Igaratá, São Paulo. Acervo do autor*

Fig. 1.60 *(A) Afloramento de um paragnaisse de alto grau aflorante nas proximidades de Três Pontas, Minas Gerais. Rico em granada e cianita, o gnaisse apresenta evidências para a atuação de processos de (B) migmatização e (C) retrometamorfismo. Acervo do autor*

tem, na sua descrição petrográfica macroscópica, o ponto de partida para sua caracterização, à qual se segue uma descrição microscópica.

Como exemplo de procedimento para o estudo da petrogênese de uma ou mais rochas ocorrendo associadas, e levando-se em conta o caso apresentado na seção 1.2.12, toma-se então como ponto de partida a descrição macroscópica desses materiais no afloramento (ver Fig. 1.61), seguida de coleta de amostras para posterior petrografia microscópica (ver Fig. 1.62), e a realização de outros ensaios que se fizerem necessários.

No caso em questão, após as petrografias macro e micro, constata-se que, embora as texturas iniciais tenham sido modificadas posteriormente, como consequência de movimentação tectônica e da atuação de eventos deformacionais, é ainda possível observar que as porções esbranquiçadas apresentam arranjos ígneos e uma composição granítica, com presença predominante de cristais de K-feldspato e de quartzo, acompanhados de cristais de granada. Para as porções cinza azuladas, igualmente afetadas por alguma deformação posterior, constata-se que são constituídas por cristais de cianita, granada, K-feldspato e rutilo, enquanto as cinza-escuras, e até mesmo as pretas, são constituídas por palhetas de biotita, cristais de plagioclásio, de granada e de quartzo, ou então predominantemente por anfibólio, plagioclásio e biotita, com algum quartzo.

Assim, de modo preliminar, com base nas observações de campo e, posteriormente, considerando as observações microscópicas, pode-se avançar nas conclusões sobre a petrogênese dos tipos envolvidos, identificando-se, para o caso em questão, a atuação de processos, tais como metamorfismo, migmatização e retrometamorfismo. A confirmação de atuação desses processos deu-se:

- No caso da fusão, pela presença de bandas ou porções claras apresentando textura ígnea preservada e composição granítica definida pelos conteúdos em K-feldspato e quartzo, com granada subordinada (cristais de granulação fina). Essas bandas, identificadas como partes de um leucossoma, devem ser resultantes da fusão de parte dos constituintes de um gnaisse, muito certamente rico em granada e micas. No afloramento, foram identificadas outras bandas (ou veios), que igualmente mostram textura ígnea. Ocorrendo em menor volume, essas bandas encontram-se associadas a outras rochas presentes na sequência amostrada (anfibolitos e biotita-granada gnaisse), embora possam ter origem externa em relação ao conjunto. Apresentam granulação mais grossa, coloração rósea ou esbranquiçada, e apenas parte das esbranquiçadas contém granada, que normalmente exibe granulação muito maior do que aquela das granadas observadas nas bandas identificadas como leucossoma e nas demais rochas da citada sequência.

- No caso do metamorfismo, pela presença de porções ou bandas interrompidas de coloração cinza azulada clara e normalmente constituídas por altas concentrações de minerais como cianita e granada, mais K-feldspato e quartzo. Esses minerais resultaram de reações metamórficas ocorridas em paralelo ao processo de fusão parcial, e, por essa composição mineralógica, as bandas formadas podem ser consideradas resíduos granulíticos de alta pressão, devido à presença do par cianita-K-feldspato. Mostram contatos difusos com as bandas de leucossoma descritas anteriormente.

- No caso do retrometamorfismo, pela constatação de substituição ou retrogradação de minerais previamente formados, como a granada das bandas de leucossoma e da rocha granulítica, que mostram alteração para biotita, assim como a biotita formada a partir da hornblenda nas bandas pretas.

Como descrito anteriormente, as porções ou bandas pretas, constituídas primariamente por anfibólio e plagioclásio e que muito provavelmente representam intercalações básicas nessa sequência de rochas de origem sedimentar, bem como as bandas cinza-escuras constituídas por granada, biotita, plagioclásio e quartzo, mostram também evidências de fusão parcial e devem já apresentar associações mineralógicas reequilibradas nas condições do retrometamorfismo. Essas alterações podem ser igualmente explicadas, pelo menos em parte, pelo contato dessas rochas com os líquidos gerados, ou com concentrações mais altas em água, e devido à exumação pela qual passou todo o conjunto observado.

Em certos casos, os procedimentos adotados serão suficientes para a identificação e o entendimento acerca da gênese das rochas envolvidas, enquanto em outros serão necessários estudos de maior detalhe, incluindo levantamentos sobre a química dos minerais e das rochas envolvidas, cálculos geotermobarométricos, obtenção de dados geocronológicos etc. Estudos petrológicos de detalhe devem também levar em conta o conhecimento acerca do contexto geológico regional em que se encontram os tipos a serem pesquisados e identificados, que, no caso da seção 1.2.12, por exemplo, podem ser obtidos por meio de consultas a trabalhos de Mario da Costa Campos Neto e colaboradores.

Parte da sequência observada envolvendo anfibolito (banda preta – A) e biotita-granada gnaisse (banda cinza-escura – B). Observa-se a presença de estrutura migmatítica associada ao anfibolito com presença de outro material ígneo, sem granada e com coloração variando de rósea a esbranquiçada (C)

Parte da sequência observada envolvendo K-feldspato-granada leucossoma (A) associado a cianita-K-feldspato-granada resíduo granulítico (B) em contato com biotita-granada gnaisse (C)

Cianita-K-feldspato-granada resíduo granulítico com preservação dos minerais metamórficos (A) ou mostrando extensa substituição das granadas por biotita (B)

Fig. 1.61 *Petrografia macroscópica: levantamento preliminar de dados. Acervo do autor*

Fotomicrografia de cianita-granada-K--feldspato resíduo granulítico (porção cinza-azulada) leucossoma [nicóis cruzados e descruzados – 25x]

Fotomicrografia de granada-biotita--plagioclásio gnaisse (porção cinza-escura) [nicóis cruzados e descruzados – 25x]

Fotomicrografia de granada-K-feldspato leucossoma (porção esbranquiçada) [nicóis cruzados e descruzados – 25x]

Fotomicrografia de hornblenda-plagioclásio anfibolito (porção preta) [nicóis cruzados e descruzados – 25x]

Fig. 1.62 *Após coleta de amostras e confecção de lâminas delgadas, tem-se o levantamento de dados com apoio da petrografia microscópica. Acervo do autor*

Fotomicrografia de meta-granada dunito – Alpes, Suíça [nicóis cruzados – 25x]

Fotomicrografia de riolito – Ilha de Santo Aleixo, Pernambuco [nicóis cruzados – 25x]

ELEMENTOS DA PETROGRAFIA MICROSCÓPICA PARA ROCHAS ÍGNEAS E METAMÓRFICAS

Depois de realizadas observações macroscópicas, deverão ser feitas análises das seções delgadas das rochas, com o emprego de um microscópio petrográfico de luz polarizada. Em alguns casos específicos, poderá ser necessário recorrer-se a uma microssonda eletrônica ou à difração de raios X, seja para a identificação de todos os minerais envolvidos, seja para a obtenção de informações sobre a composição química de determinadas fases minerais presentes. Como já mencionado, e considerando os conteúdos, será necessária a utilização de um microscópio de luz refletida e de seções polidas para a caracterização de minerais opacos presentes nas rochas.

Com base nas observações microscópicas, será possível, então, proceder-se a um levantamento da mineralogia e da textura da rocha, com importantes informações sobre o resfriamento dos magmas e a ordem de cristalização dos minerais, no caso das ígneas, bem como sobre a natureza e extensão dos processos responsáveis pelas transformações metamórficas, para o caso das rochas que experimentaram essas transformações, sejam elas de origem sedimentar, ígnea ou mesmo já apresentando evidências de metamorfismo pretérito. Em todos os casos será possível, ainda, avaliar a extensão e a natureza dos processos de alteração e de deformação.

Assim, na caracterização microscópica, e como primeiro passo para uma correta identificação de uma rocha, deve-se proceder à identificação de seus constituintes mineralógicos. No caso das rochas ígneas, uma vez identificados os minerais, seus respectivos conteúdos devem ser levantados, seja por meio da análise modal ou por estimativas visuais, pois só assim será possível distinguir os constituintes chamados essenciais daqueles considerados acessórios e que correspondem a conteúdos inferiores a 3,0%. Por conta disso, os primeiros são importantes e dão nome à rocha.

Ainda com relação aos minerais essenciais e acessórios, por terem se cristalizado a partir de um magma, são considerados primários. Por conta de substituições ocorridas ainda durante o período da cristalização e/ou de alterações posteriores, mas envolvendo esses minerais primários, são formados os chamados minerais secundários. Essas substituições dos minerais primários por secundários, envolvendo saussuritização, epidotização (ou albitização de plagioclásios), sericitização de feldspatos e micas, caolinização de feldspatos, serpentinização de olivinas e piroxênios, cloritização de anfibólios, de granadas e biotitas, uralitização de piroxênios e zeolitização, em parte também acontecem nas rochas metamórficas. Nas rochas metamórficas, os minerais primários resultam ou de processos de cristalização, também denominada blastese, ou, ainda, de processos de recristalização, envolvendo nesses casos minerais já existentes na rocha, mas invariavelmente sem o envolvimento direto de processos magmáticos.

Para a denominação de uma rocha metamórfica, a identificação mineralógica é igualmente importante; com base nesse levantamento, tal como para as ígneas, será possível dizer algo sobre as condições em que essa rocha foi formada. Mas importante será também a identificação de descontinuidades, representadas por estruturas planares e lineares, com disposição ou não de constituintes mineralógicos segundo determinadas direções preferenciais, o que, nesses casos, é típico para aquelas rochas formadas sob a influência das pressões dirigidas.

Conforme a rocha mostre ou não um ordenamento dos seus minerais constituintes, ela terá uma textura anisotrópica ou isotrópica, respectivamente, sendo a primeira frequente nas rochas metamórficas e a segunda, nas ígneas. No caso das rochas ígneas, será possível observar algum ordenamento ou direcionamento de cristais naqueles casos em que a cristalização ocorreu concomitantemente com fluxos de magmas, mais ou menos solidificados, seja em rochas vulcânicas ou plutônicas. Para as metamórficas, a falta de orientação para os constituintes mineralógicos de uma rocha, ou a isotropia, será influenciada pela composição mineralógica e típica para os casos de rochas geradas, principalmente, sob a influência da temperatura, como nos casos do chamado metamorfismo regional e do metamorfismo térmico de contato.

2.1 Rochas ígneas

2.1.1 Critérios para a definição das texturas de rochas ígneas e outros arranjos

Para uma correta definição das texturas das rochas ígneas, será necessário levar em conta as feições e as relações entre cristais, previamente identificados, e destes com outros materiais presentes nessas rochas, tais como o vidro. Nessa análise, devem ser considerados o grau de cristalinidade, o grau de desenvolvimento de faces e as formas dos grãos, o tamanho dos grãos e, por último, os arranjos entre cristais e outros materiais presentes.

Grau de cristalinidade

Inicialmente, deve ser avaliado o grau de cristalinidade com base no levantamento das proporções de vidro e de cristais. Nesses casos, pode-se afirmar que as rochas plutônicas, cristalizadas no interior das crostas e do manto, são constituídas exclusivamente por cristais, enquanto parte das vulcânicas pode conter vidro, por conta de seu caráter extrusivo.

Com a presença única de cristais, a rocha é dita holocristalina ou granular. No outro extremo, ela é vítrea ou holohialina. Nos casos intermediários, é denominada hipocristalina com predomínio de minerais sobre vidro e hipohialina quando ocorre o contrário (Fig. 2.1).

Nas rochas que contêm cristais birrefringentes, mas com desenvolvimento incipiente, ou diminutos, estes são denominados micrólitos. Em outras, contendo formas isotrópicas menores, arredondadas ou semelhantes a fios de cabelo e bastonetes, recebem a denominação de cristalitos.

Faces, formas e hábitos dos grãos

Definido o grau de cristalinidade de uma dada rocha, deve-se proceder à avaliação do grau de desenvolvimento das faces e as formas dos grãos presentes nela (Fig. 2.2A) e os seus respectivos hábitos (Fig. 2.2B).

Com base nessa avaliação, será possível obter informações sobre a sequência de cristalizações ocorridas ao longo do processo de formação das rochas, na medida em que haverá sempre um momento certo, nessa sequência, tanto para a formação quanto para o desenvolvimento das faces dos cristais de cada mineral. Precedidos pelo processo de nucleação, os de crescimento e definição das formas dos grãos serão igualmente influenciados pelas condições de temperatura, pressão, concentrações de fluidos e pela disponibilidade de espaço em que as cristalizações ocorrem, incluindo na questão da forma o condicionamento imposto às fases mais tardias, por fases minerais previamente formadas.

Com crescimento lento, os grãos, em especial aqueles formados nas fases iniciais da sequência de cristalização, limitados por faces bem desenvolvidas, são ditos euédricos, e com a predominância desses a textura é idiomórfica, panidiomórfica ou automórfica. Quando eles se encontram apenas parcialmente limitados por essas faces, seja por conta de resfriamentos mais rápidos ou por falta de espaço para a cristalização, são subédricos e a textura é hipidiomórfica. Nos estágios finais da cristalização magmática, por falta de espaço, os grãos tendem a não apresentar faces bem desenvolvidas e são descritos como anédricos. Com a predominância destes, a textura da rocha é dita alotriomórfica ou xenomórfica.

Ainda com relação à forma, mas dos limites ou dos contatos entre os grãos, estes podem ser dos seguintes tipos: retilíneo, lobulado, sinuoso, denteado ou serrilhado, engrenado, esqueletal e dentrítico.

Concomitantemente ao levantamento do grau de desenvolvimento das faces e formas, deve-se proceder à descrição dos hábitos dos cristais. Assim como nos demais, os minerais formadores das rochas ígneas apresentam diferenças em suas estruturas internas e nas distribuições de elementos em suas redes e

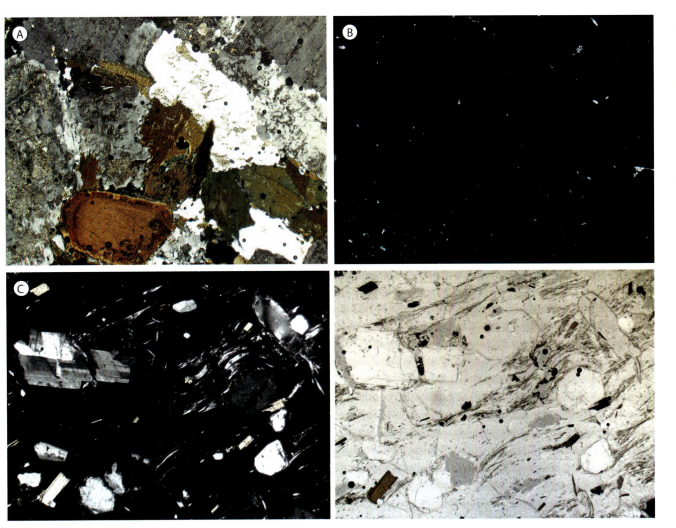

Fig. 2.1 Rochas ígneas e grau de cristalinidade. (A) Rocha holocristalina: os granitos, assim como outras rochas ígneas, são holocristalinos como é o caso do granito de Aswan (Egito), que corresponde a um sienogranito porfirítico, com cristais tabulares centimétricos e subédricos de feldspato potássico pertítico e de plagioclásio, cristais de quartzo e com cristais de hornblenda e de riebeckita; (B) rocha holohialina: a obsidiana, corresponde a uma rocha vítrea resultante de resfriamentos rápidos. Com composição geralmente ácida, pode conter cavidades (Capadócia, Turquia); (C) rocha hipocristalina: como o riolito ignimbrítico em questão, essas rochas podem apresentar cristais, no caso de quartzo e feldspatos, imersos em uma matriz fina, essencialmente vítrea (Okataina Volcanic Centre, Monte Tarawera, Nova Zelândia) [fotomicrografias (A) e (B) com nicóis cruzados; (C) nicóis cruzados e descruzados – 25x]

mostram tendências de crescimento segundo determinadas direções. Por conta disso, podem ser descritos os seguintes hábitos para os cristais dos minerais dessas rochas: prismático, ripiforme, colunar, fibroso, capilar, asbestiforme, romboédrico, tabular, acicular e lamelar. Alguns minerais podem apresentar mais de um hábito, como é o caso da sillimanita. Ainda com relação aos hábitos, e para rochas vulcânicas cujas texturas são fortemente influenciadas pelo sub-resfriamento progressivo, tem-se que hábitos, por exemplo de plagioclásios, podem variar de tabular para esqueletal, dentrítico e até esferulítico. Plagioclásios em condições de alto sub-resfriamento podem ocorrer na forma de cristais incompletos com estrutura H, também conhecida como rabo de andorinha (*swallow-tail*).

Tamanho do grão

Com relação à granulação da rocha e considerando-se tanto as identificações com base em observações sem o uso do microscópio como as que fazem uso dele, deve-se levar em conta tanto o tamanho absoluto quanto o tamanho relativo dos cristais.

No que diz respeito ao absoluto, pode-se descrever as rochas como macrocristalinas ou faneríticas, quando os cristais podem ser identificados sem o uso do microscópio. As rochas serão microcristalinas ou afaníticas quando os cristais não puderem ser identificados sem o uso do microscópio. Quando a identificação não for possível, mesmo com o uso do microscópio, como no caso de alguns riolitos e outras rochas nas quais ocorreram misturas de minerais, a rocha é definida como criptocristalina.

Fig. 2.2 *Grau de desenvolvimento das formas e hábitos dos grãos. (A) Considerando-se o grau de desenvolvimento, os grãos dos minerais apresentam-se como cristais euédricos, subédricos e anédricos, representados à esquerda, ao meio e à direita, respectivamente; (B) com relação ao hábito, os cristais podem ser ripiformes e prismáticos, como no caso de feldspatos; tabulares, como a cianita e as micas; aciculares, como as agulhas de rutilo; fibrosos, como a fibrolita; tabular até fibrosos, como a riebeckita; e lamelares ou micáceos, como o talco e as micas, representados nessa ordem, da esquerda para a direita [nicóis cruzados – 25x; agulhas de rutilo – 50x]*

Considerando o tamanho relativo, as rochas ígneas podem ser divididas em dois grandes grupos: as granulares e as porfiríticas. No primeiro caso, as rochas tendem a se apresentar equigranulares, com diferenças de tamanhos entre os grãos não ultrapassando o dobro do menor tamanho (Fig. 2.3A). Para esses casos, são consideradas as seguintes subdivisões: grão muito fino (< 0,1 mm), grão fino (> 0,1 mm e < 1,0 mm), grão médio (> 1,0 mm e < 5,0 mm) e grão grosso (> 5,0 mm e < 3,0 cm). Com tamanhos superiores a 3,0 cm, a granulação da rocha é dita muito grossa.

Para aquelas rochas com diferenças de tamanhos de grão muito superiores ao dobro da menor granulação, elas são descritas como porfiríticas e, nesses casos, serão consideradas inequigranulares (Fig. 2.3B). Se cristais com intervalos de tamanhos muito amplos estiverem presentes nas rochas, elas serão descritas como apresentando granulações seriadas.

De modo geral, as rochas ígneas plutônicas são equigranulares, por conta de resfriamentos lentos ou baixos graus de sub-resfriamento. Mas podem apresentar granulações variando entre a fina e a grossa e em alguns casos, essas variações podem alcançar diferenças significativas, e essas rochas serão porfiríticas. Já nas rochas vulcânicas, onde o grau de sub-resfriamento é normalmente alto, é mais frequente a presença de matrizes com granulações que variam de finas até muito finas, às vezes com a presença de fenocristais, o que é determinante para a identificação destas como rochas inequigranulares. Não raro, as matrizes dessas rochas vulcânicas podem conter, em parte, vidro ou podem ser totalmente vítreas em consequencia de resfriamentos muito rápidos.

2.1.2 As texturas ígneas principais

Considerando os critérios apresentados anteriormente, podem ser identificadas as seguintes texturas para as rochas ígneas holocristalinas:

Fig. 2.3 *Tamanhos dos grãos. Considerando a granulação dos minerais constituintes de uma rocha, esta será (A) equigranular, quando os grãos tiverem aproximadamente o mesmo tamanho, como no caso da maioria das rochas plutônicas, e (B) inequigranular ou porfirítica, quando os tamanhos dos grãos forem muito diferentes, como no caso de uma rocha vulcânica [nicóis cruzados e descruzados – 25x]*

- *Textura granular idiomórfica*: textura de rocha ígnea, como no caso de aplitos, constituída por cristais com faces bem desenvolvidas.
- *Textura granular hipidiomórfica*: textura de rocha ígnea equigranular, constituída essencialmente por cristais com faces mais ou menos bem desenvolvidas. Típica das rochas graníticas.
- *Textura granular xenomórfica*: textura de rocha ígnea constituída essencialmente por cristais que não apresentam faces bem desenvolvidas.

Considerando os critérios apresentados anteriormente, podem ser identificadas as seguintes texturas para as rochas ígneas porfiríticas:
- *Textura porfirítica holocristalina*: textura de rochas inequigranulares, intrusivas, como os pegmatitos, nas quais os grandes cristais, fenocristais ou não, encontram-se envolvidos por cristais de granulação muito mais fina. Nas rochas porfiríticas, a textura é denominada glomeroporfirítica ou cumulofírica, quando da presença de agregados de cristais de mesmo tamanho.
- *Textura porfirítica hipocristalina*: em rochas vulcânicas, como em basaltos e fonolitos, por exemplo, o termo glomerofírico é aplicado para a presença de agregados de cristais em uma massa fina. Quando nessas rochas os fenocristais encontram-se em matriz vítrea, a textura é dita vitrofírica.

2.1.3 As texturas ígneas especiais

Algumas rochas ígneas apresentam textura denominada cumulática, que contempla os seguintes subtipos: ortocumulática, mesocumulática e adcumulática. A textura cumulática resulta do acúmulo ou da deposição de cristais de minerais tais como a olivina, o piroxênio e o plagioclásio, que se separam dos magmas por conta das suas densidades e formam os chamados *cumulus*. Nesses arranjos texturais pode ocorrer cristalização posterior envolvendo porções de líquidos alojadas nos espaços entre os cristais do *cumulus*, o que dará origem a cristais anédricos, que correspondem ao material denominado *intercumulus*. Conforme essa porção seja dominante, a ponto de envolver pelo menos parte do *cumulus*, a textura será denominada ortocumulática. Em caso contrário, o nome da textura é mesocumulática. Por outro lado, se houver um crescimento adicional do *cumulus* à custa dos líquidos intergranulares, a textura será denominada adcumulática. Dessa maneira, pode-se afirmar que, entre o primeiro e o último subtipo, ocorre uma redução do volume de material *intercumulus*. Em certas circunstâncias, acúmulos de cristais por fluxo magmático, ou por separação por filtragem, podem resultar em arranjos texturais que se assemelham aos cumuláticos.

Texturas que refletem condições de cristalização simultânea no ponto eutético, com intercrescimentos de quartzo e feldspato, são igualmente especiais e recebem as seguintes denominações: gráfica, micrográfica e mirmequítica. Igualmente especial é a textura felsítica, típica para rochas criptocristalinas e compostas por quartzo e feldspato potássico.

2.2 Rochas metamórficas

2.2.1 Elementos definidores das texturas metamórficas

Para a identificação e a consequente nomeação das texturas das rochas metamórficas, deve-se levar em conta o tamanho dos grãos, bem como a forma, o hábito e a orientação deles.

Tamanho, forma e hábito dos grãos

Para melhor entendimento sobre tamanhos e formas dos grãos das rochas metamórficas, tornam-se necessárias considerações sobre os processos envolvidos com a formação deles.

Na petrogênese das rochas metamórficas, o processo responsável pela formação de cristais recebe a denominação de cristalização, ou blastese, nos casos em que ocorrem formações de novas fases minerais na rocha e de recristalização, quando ocorrem, ao contrário, apenas reconstituições de fases minerais já existentes. Ao longo desses processos, modificações no tamanho e na forma dos grãos envolvendo rotações, quebras ou deslocamentos e resultantes da atuação de processos deformacionais podem ocorrer, mas não provocam modificações estruturais nos cristais e não são considerados parte desses processos de formação ou de reconstituição. Como exemplo, podem ser citadas a cristalização ou blastese da estaurolita em xistos peraluminosos, no caso de cristalização metamórfica, e a transformação de arenitos em quartzitos ou de calcários em mármores, no caso das recristalizações. Enquanto no primeiro caso o crescimento dos grãos dá-se a partir de novos núcleos, no segundo verifica-se apenas o crescimento a partir de grãos já existentes, com parcial ou total destruição dos seus limites originais, buscando atender, com essas novas configurações, às novas condições de equilíbrio do sistema.

A nucleação e o crescimento mencionados, os quais constituem as etapas determinantes para a formação e para os tamanhos finais dos grãos, são influenciados por diversos fatores. A difusão ou a facilidade de transferência de massa para os locais propícios ao crescimento será um dos mais importantes desses fatores relacionados com o desenvolvimento dos cristais, podendo não só influenciar no tamanho final dos grãos, mas também no número de inclusões presentes nesses novos minerais formados.

Durante o metamorfismo, pode acontecer de muitos núcleos serem formados sem que isso signifique necessariamente que todos, ou mesmo só alguns, resultarão em grandes cristais. Nesses casos, a nucleação pode ter sido facilitada pela presença de cristais preexistentes de determinado mineral, cuja estrutura pode constituir uma base sobre a qual o mineral vai nuclear, mas não necessariamente crescer. Valores muito altos para ΔG (variação da energia livre de Gibbs) podem também satisfazer essa condição de nucleação sem crescimento (Yardley, 1990). Esse não crescimento também ocorrerá naquelas situações onde a difusão for especialmente lenta, por exemplo, por conta da ausência de fluidos na rocha.

Considerando condições opostas a essas, ou seja, havendo facilidade para a difusão, a nucleação será muito dificultada. Por conta disso, as rochas formadas sob essas condições terão um pequeno número de grandes grãos, como acontece no caso dos porfiroblastos. Aliado a essa situação, é importante ter claro que alguns minerais, tais como a granada, a cordierita, a estaurolita e a andaluzita, já apresentam boa tendência para crescer e para desenvolver faces, resultando na presença de blastos centimétricos ou desses porfiroblastos, que, quando contêm muitas inclusões, são descritos como poiquiloblastos (Costa, 1987).

Existem também fortes correlações entre o tamanho dos grãos e as variáveis temperatura e tempo geológico. Como demonstrado por Spry (1979), com o aumento da temperatura, o grau de nucleação cresce, mas só inicialmente, para decrescer exponencialmente a partir de temperaturas mais altas. Assim, com o aumento do grau metamórfico, são produzidos poucos núcleos a temperaturas altas, e as rochas apresentam um número menor de cristais de tamanhos maiores. Logo, pode-se afirmar que cristais aumentam de tamanho com o tempo, mas somente após terem sido alcançados valores críticos para essa temperatura de crescimento. Nesses estágios, alguns minerais crescem mais do que outros, pois, como

mencionado anteriormente, apresentam poderes maiores de cristalização.

Logo, e considerando-se que o metamorfismo significa a busca de um novo equilíbrio com redução da quantidade de energia do sistema, tem-se uma natural tendência de crescimento dos grãos durante grande parte do processo. Assim, com o crescimento desses grãos, ou blastos, ocorre não só uma redução da quantidade de energia livre superficial, mas também modificações das texturas em função do aumento do tamanho dos grãos. Por conta disso, observam-se diferenças entre, por exemplo, filitos, xistos e gnaisses. No entanto, essa correlação entre crescimento dos grãos e o aumento do grau metamórfico funciona bem, mas somente para os estágios de baixo e de médio graus. Para grande parte das rochas metamórficas de alto grau, como no caso de algumas rochas da fácies granulito, geradas a grandes profundidades crustais e, portanto, submetidas a altos graus de confinamento e com presença de baixas concentrações de fluidos, a nucleação será grande e a granulação final será fina (Fig. 2.4A).

Quanto à forma final dos cristais de minerais metamórficos, sabe-se que ela é influenciada pelo mecanismo de adição de átomos às suas superfícies. Se átomos são adicionados de maneira mais uniforme e às diversas faces do cristal, tem-se uma cristalização ou recristalização de grãos com formas mais ou menos equidimencionais. Nesses casos, as superfícies dos grãos serão planas e a textura é denominada granoblástica. Para o caso de rochas monominerálicas, ou de bandas com concentração de um determinado mineral, como os grãos apresentarão as mesmas taxas de crescimento, isso resultará no desenvolvimento de uma textura granoblástica poligonal. De outro modo, se os íons são adicionados muito rapidamente às superfícies de uma ou outra face, o crescimento será dado segundo uma direção particular, podendo resultar na formação de cristais alongados ou aciculares.

Ainda com relação à forma, os cristais podem variar de idioblásticos, se apresentam bom desenvolvimento das faces, até xenoblásticos, que se caracterizam pela ausência de faces (Fig. 2.4B).

Quanto aos hábitos para os cristais de minerais metamórficos, assim como no caso das rochas ígneas, podem ser descritos os seguintes: prismático, ripiforme, colunar, fibroso, tabular, acicular e lamelar. Alguns minerais podem apresentar mais de um hábito, como é o caso da sillimanita (Fig. 2.4C).

Fig. 2.4 Tamanho, forma e hábito dos grãos nas rochas metamórficas. (A) Variação da granulação entre rochas metamórficas de baixo (A1), médio (A2) e alto grau (A3), exemplificadas nessa ordem por uma ardósia (Arouca, Portugal) e um filito grafitoso (Diamantina-MG); um muscovita-biotita-cianita xisto (Mariana-MG) e um biotita xisto (Virgem da Lapa-MG); um microclina-biotita gnaisse (Maravilha-MG) e um granulito básico (Caratinga-MG); (B) formas dos minerais metamórficos: granada idioblástica em estaurolita-granada-mica xisto (Dom Silvério-MG) e poiquiloblasto de andaluzita xenoblástica em andaluzita-biotita xisto (Itinga-MG); (C) hábitos: a sillimanita pode desenvolver-se segundo hábito fibroso (conjunto de cristais muito finos à esquerda) ou prismático (à direita). No último caso, considerando o corte para a produção de seções delgadas, se paralelo ou perpendicular ao eixo de cristais prismáticos de sillimanita, estes poderão apresentar diferentes propriedades, como aquelas relacionadas com as cores de interferência. No caso, cristais prismáticos com cortes paralelos ao eixo c mostram cores de interferência de ordem mais alta (acima), enquanto aqueles cortados perpendicularmente (abaixo) mostram cores mais baixas (cinza) [nicóis cruzados – 25x]

Orientações dos cristais, presença ou não de estruturas planares e de outras estruturas

Rochas metamórficas podem ou não apresentar orientação para os cristais de seus constituintes mineralógicos. De modo geral, aquelas rochas resultantes do metamorfismo regional, sob influência de pressões dirigidas, tais como xistos e gnaisses, tendem a apresentar orientações, considerando-se seus conteúdos em filossilicatos. Nos casos de rochas monominerálicas, como quartzitos e mármores, e de outras não monominerálicas, mas pobres em filossilicatos e ricas em minerais prismáticos, como as calcissilicáticas, orientações estarão ausentes, podendo-se verificar algum alongamento para os cristais de seus constituintes mineralógicos.

De fato, a ausência de orientações e o aspecto maciço são mais característicos das rochas relacionadas com o metamorfismo térmico local, de modo geral conhecidas como hornfelsitos.

Nas rochas metamórficas regionais não maciças, podem ocorrer tanto estruturas planares quanto lineares. As primeiras são identificadas pelas foliações, enquanto as últimas, pelas lineações minerais. Entende-se aqui por foliação todas aquelas feições planares geradas por alguma deformação e que se reproduzem em uma rocha de maneira penetrativa, o que significa estarem presentes em todas as partes da rocha. Constituem exemplos de estruturas penetrativas: xistosidade e clivagem ardosiana. Como extensão desse conceito, acamamentos rítmicos encontrados em uma rocha metamórfica, assim como outros tipos de bandamentos composicionais, podem também ser classificados como foliação, considerando-se suas feições penetrativas. Em contraposição, planos de fratura e planos de clivagem de crenulação separadas por microlitons não são penetrativos e constituem apenas estruturas discretas.

Para alguns autores, são também consideradas estruturas penetrativas não só aquelas constituídas de minerais recristalizados segundo uma orientação preferencial em planos, mas também em linhas (xistosidade linear). No entanto, dentro do conceito de foliação, o termo xistosidade é, de fato, utilizado com frequência para identificar estruturas planares.

Carneiro et al. (2003) utilizam foliação metamórfica como um termo genérico de identificação para as estruturas metamórficas resultantes da atuação de esforços compressionais sobre uma dada rocha, originando planos paralelos de diversos tipos. Esses autores consideram exemplos de foliação metamórfica a clivagem ardosiana, a xistosidade, a clivagem de crenulação, as bandas de segregação metamórfica, bem como as variações composicionais e/ou granulométricas em bandas paralelas originadas ou modificadas por processos de cataclase e deformação metamórfica.

Uma diferenciação entre os termos clivagem ardosiana e xistosidade reside na feição mais penetrativa da primeira, quando comparada com a segunda. Por sua vez, esse caráter mais penetrativo só é possível por conta de uma distribuição mais regular dos altos conteúdos em filossilicatos e pela granulação mais fina das ardósias.

Considerando-se que ao longo de um evento metamórfico haverá, nos estágios de baixo e médio graus, crescimento de grãos e redução do conteúdo de minerais micáceos, a tendência é a substituição da clivagem ardosiana pela xistosidade, que é resultante do alinhamento de minerais planares, como as micas e a clorita, em meio a outros minerais prismáticos. Por conta disso, ao contrário das ardósias, os xistos raramente se partem segundo planos bem definidos.

Do ponto de vista da composição mineralógica, os conteúdos mais altos em minerais que se orientam com facilidade encontram-se em rochas peraluminosas ou pelíticas. No entanto, eles poderão estar presentes, embora em mais baixos conteúdos, em uma ampla gama de rochas e se mostrarão orientados, desde que a deformação tenha sido suficientemente intensa para provocar tal orientação.

De modo geral, todas as vezes que a clivagem ardosiana ou a xistosidade tornar-se mal definida, seja por conta dos baixos conteúdos ou mesmo pela ausência de minerais filossilicatos ou prismáticos orientados, ou ainda pelo predomínio na rocha de minerais mais ou menos equidimensionais, como o quartzo e os feldspatos, a aplicação do termo foliação não é recomendável.

Para além das estruturas planares, são encontradas outras nas rochas metamórficas, em especial naquelas de origem sedimentar, como as associadas com os bandamentos composicionais, e ainda outras, que sem distinção de origem são geradas em consequência de dobramentos. Nesses casos, intercalações de níveis quartzosos com níveis micáceos, por exemplo, responderão de maneira diferenciada aos esforços submetidos à rocha. Por razões ligadas ao conteúdo mineralógico e à diferença de competência desses minerais, alguns níveis apresentarão maior facilidade para o desenvolvimento de estruturas planares mais ou menos penetrativas, enquanto outros não. Do mesmo modo, essas condições vão influenciar na geração de dobras (Fig. 2.5).

Fig. 2.5 *Rochas metamórficas e suas estruturas. Fotomicrografias de rochas metamórficas, como filitos e xistos, apresentando estruturação planar (foliação) mais ou menos bem desenvolvida, dobrada ou não, e com evidências do comportamento diferenciado de minerais frente às situações de deformação impostas a rochas em presença de bandamento composicional, nos casos identificados pelas alternâncias de bandas micáceas e quartzosas [nicóis cruzados, exceto para as duas últimas fotomicrografias. Para a última fotomicrografia à direita, o aumento é de 50x. Para as demais, é de 25x]*

Relações entre deformações e cristalizações

Com base na análise microscópica de seções delgadas, é possível avaliar modificações texturais impostas às rochas metamórficas por conta da atuação de eventos deformacionais. É possível ainda avaliar as relações entre blastese – processo de cristalização ao longo de um evento metamórfico – e deformações sofridas por essas rochas. Nesses casos, pode-se constatar se a cristalização (blastese) ou a recristalização metamórfica ocorreu antes, durante ou após uma deformação ou a um dado evento tectônico (Fig. 2.6).

Nos casos em que forem constatadas complexas interações entre cristalização e metamorfismo, ou a atuação de diferentes eventos deformacionais e de cristalização em uma mesma rocha, é possível afirmar que esta passou por um processo de polimetamorfismo. Nesses casos, todas as etapas de formação dessas rochas estarão registradas por meio de diver-

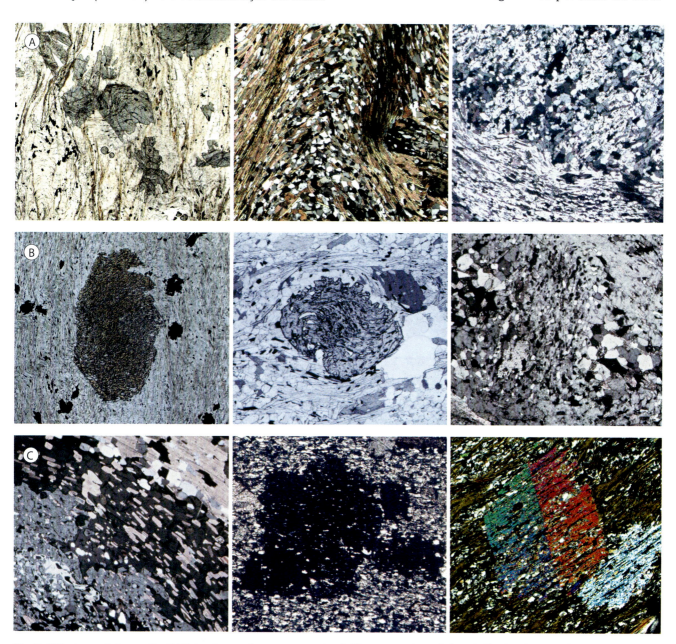

Fig. 2.6 *Blastese e deformação.* (A) *Fotomicrografias com exemplos de blasteses pré-tectônicas, indicadas, à esquerda, por porfiroblasto de cloritoide envolto por foliação transposta; ao meio, por poiquiloblasto de cordierita, crescido previamente à crenulação da foliação; e, à direita, por poiquiloblasto de andaluzita, em parte envolto por blasto igualmente de andaluzita, mas crescido posteriormente e representado no canto inferior esquerdo da fotomicrografia;* (B) *fotomicrografias com exemplos de blasteses sintectônicas, indicadas pela presença de poiquiloblasto de estaurolita (à esquerda), por poiquiloblasto de granada (ao meio) e por poiquiloblasto de cordierita (à direita), todos com linhas de inclusões rotacionadas;* (C) *fotomicrografias com exemplos de blasteses pós-tectônicas indicadas por borda pós-tectônica em poiquiloblasto de cordierita, com núcleo sintectônico (à esquerda), por poiquiloblasto de granada (ao meio) e por poiquiloblasto de muscovita, crescido por sobre foliação mais antiga (à direita) [nicóis cruzados, com exceção das duas primeiras fotomicrografias do exemplo (B) – 25x]*

sos elementos texturais, sendo importante, para além da análise das relações entre os grãos e as estruturas planares presentes, a análise dos padrões de inclusões, que, se presentes, constituirão marcadores importantes para o entendimento de toda a sequência de eventos.

2.2.2 As texturas metamórficas principais

Identificados os minerais presentes em uma determinada rocha e consideradas as questões envolvendo o tamanho, a forma e a orientação deles, será então possível dizer algo sobre a textura da rocha analisada, cujos tipos principais apresentam-se a seguir e não raramente podem se mostrar de maneira combinada em uma mesma rocha:

Textura granoblástica

Típica de rochas metamórficas maciças, em parte também denominadas *fels*, e constituídas por cristais prismáticos xenoblásticos de quartzo, feldspatos, anfibólios, piroxênios etc. (Fig. 2.7A). Em rochas monominerálicas, como no caso dos quartzitos, gerados a partir de arenitos puros e quando os cristais apresentam tamanhos muito próximos (aproximadamente equidimensionais), a feição poligonal estará presente, por meio de limites planos entre os grãos, e a textura será granoblástica poligonal. Essa configuração, com interseções desses limites formando ângulos de 120°, significa quantidades mínimas em termos de energia superficial para os grãos envolvidos. Essa textura, também comum nos mármores, é raramente alcan-

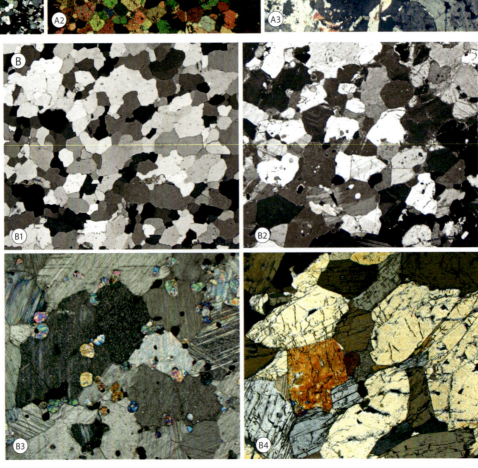

Fig. 2.7 *Textura granoblástica. (A) Fotomicrografias de rochas metamórficas com textura granoblástica representadas por uma rocha calcissilicática ou um cummingtonita-hornblenda- -granada-plagioclásio granofels (A1), por um faialita granofels/ Bad Harzburg, Alemanha (A2), e por um vesuvianita- -granada-wollastonita granofels (A3); (B) fotomicrografias com feições da textura granoblástica poligonal envolvendo cristais de quartzo em quartzito (B1), de cordierita em granulito (B2), de carbonato em mármore (B3) e de wollastonita em um granofels (B4) [nicóis cruzados – 25x]*

çada em rochas constituídas por silicatos diversos, a não ser naquelas formadas nos estágios de mais alto grau de um dado evento metamórfico, como é o caso de rochas da fácies granulito (Fig. 2.7B).

Textura lepidoblástica
Típica das rochas metamórficas orientadas e com altos conteúdos em minerais lamelares ou micáceos (filossilicatos), como biotitas, muscovitas e cloritas (Fig. 2.8).

Textura nematoblástica
Típica das rochas metamórficas orientadas e com presença de minerais prismáticos ou tabulares orientados, como anfibólios, piroxênios e cianita (Fig. 2.9).

Textura fibroblástica
Típica das rochas metamórficas, com presença de agregados de minerais fibrosos ou aciculares, como a sillimanita fibrosa, e anfibólios, como a actinolita fibrosa (Fig. 2.10).

Fig. 2.8 *Rochas metamórficas com textura lepidoblástica. Conjunto de fotomicrografias de rochas metamórficas foliadas da fácies xisto verde e início da fácies anfibolito, que, constituídas em boa parte por minerais micáceos, apresentam textura lepidoblástica [nicóis cruzados – 25x]*

Fig. 2.9 *Rochas metamórficas com textura nematoblástica. Fotomicrografias de rochas metamórficas com textura nematoblástica, com orientação de cristais prismáticos anfibólios em um anfibolito e de epidoto em um quartzo-clorita-epidoto xisto [nicóis cruzados – 25x]*

Fig. 2.10 *Rochas metamórficas com textura fibroblástica. Fotomicrografias de rochas metamórficas com textura fibroblástica, representadas por um sillimanita (fibrolita)-biotita gnaisse (A) e por um actinolita-talco xisto (B) [nicóis cruzados – 25x]*

Textura porfiroblástica

Típica das rochas metamórficas orientadas ou não, mas que apresentam minerais, como a granada, o cloritoide, a cordierita, a estaurolita ou a andaluzita, que têm tendência a crescer mais do que outros e cujos tamanhos destacam-se dos demais constituintes da rocha, podendo alcançar até vários centímetros de comprimento (Fig. 2.11).

Textura augen

Típica de rochas metamórficas bandadas, denominadas gnaisses. Preferencialmente ortoderivadas,

Fig. 2.11 *Rochas metamórficas com textura porfiroblástica. Fotomicrografias de rochas metamórficas com textura porfiroblástica. O conjunto de fotomicrografias (A) é formado, da esquerda para a direita, por três exemplares de cordierita-biotita xistos porfiroblásticos, enquanto o conjunto (B) apresenta, da esquerda para a direita, um estaurolita-clorita-mica xisto e dois exemplares de filitos com cloritoide porfiroblástico [nicóis cruzados, mas descruzados para a fotomicrografia inferior do conjunto (B) – 25x]*

graníticas até granodioríticas em composição, caracterizam-se pela presença de cristais de feldspatos, como a microclina ou o ortoclásio, o oligoclásio e até a andesina, constituindo bandas, mas, nesse caso parcial, até totalmente envolvidos por uma foliação definida pela disposição preferencial de cristais de minerais máficos (Fig. 2.12).

Textura decussada

Corresponde a uma textura envolvendo arranjos ou uma rede entrelaçada de cristais anisotrópicos, planares (palhetas de micas), aciculares, alongados ou prismáticos (Fig. 2.13) e, na ausência de deformação, sem nenhuma orientação preferencial. Normalmente, quando muito ricas em anfibólios e micas, essas rochas raramente desenvolvem textura granoblástica poligonal por conta da forma alongada dos seus grãos. No entanto, nos casos em que os cristais forem prismáticos e com tendência a serem subidioblásticos, mas sem nenhuma orientação, a textura será identificada como granoblástica decussada.

2.2.3 As texturas metamórficas especiais

Texturas metamórficas, ou arranjos especiais, referem-se, nesta obra, àquelas relacionadas com transformações ou reações especiais, dependentes de modificações nas condições de temperatura e de pressão, tanto em níveis crustais profundos e praticamente na ausência de fluidos quanto em níveis mais superiores e com presença desses fluidos. Nesse grupo são considerados, por exemplo, casos influenciados por variações de pressão que podem resultar na formação de texturas de descompressão (Fig. 2.14A), ou o inverso, sinalizando aumentos de pressão, mas sob condições de temperaturas altas (Fig. 2.14B), assim como texturas ou arranjos resultantes da substituição de minerais de temperaturas mais baixas por outros de temperaturas mais altas (Fig. 2.14C), ou por conta da formação de minerais em condições de pressão e de temperatura mais baixas (Fig. 2.14D,F). No caso da Fig. 2.14E, coronas de cordierita ou de sillimanita envolvendo cristais de espinélio e inclusas em cristais de feldspatos indicam reações (*back-reactions*) entre

Fig. 2.12 *Rochas metamórficas gnáissicas com textura augen. Fotomicrografias de três gnaisses mostrando cristais de microclina parcialmente envoltos por foliação definida por minerais micáceos orientados e dispostos segundo uma determinada direção [nicóis cruzados – 25x]*

Fig. 2.13 *Rochas metamórficas com textura decussada. Fotomicrografia de rocha metamórfica com textura decussada, definida pela disposição dos cristais de cloritoide [nicóis cruzados e descruzados – 25x]*

fases minerais metamórficas de alto grau (resíduo granulítico) e leucossoma da fase migmatítica.

Outras feições relacionadas com o crescimento mineral e que têm influências nas texturas metamórficas são: o crescimento anisotrópico, que é típico do metamorfismo de baixo grau; as bordas de reação, indicando reações incompletas; o crescimento controlado pela estrutura ou cristalografia, chamado epitaxial; e, ainda, o crescimento que se dá com a manutenção da estrutura de uma fase preexistente ou topotaxial.

Fig. 2.14 *Texturas indicativas de reações metamórficas. (A) Textura indicativa de descompressão, como nas transformações de granadas em cordieritas, em granulito peraluminoso do leste de Minas Gerais; (B) textura indicando caso inverso, quando cristais de granada se desenvolvem entre cristais de ortopiroxênio e de plagioclásio por aumento da pressão sob condições de temperaturas altas, em granulito básico do leste de Minas Gerais; (C) textura indicativa da formação de cordierita a partir de estaurolita, em presença de sillimanita e sob condições de aumento da temperatura*

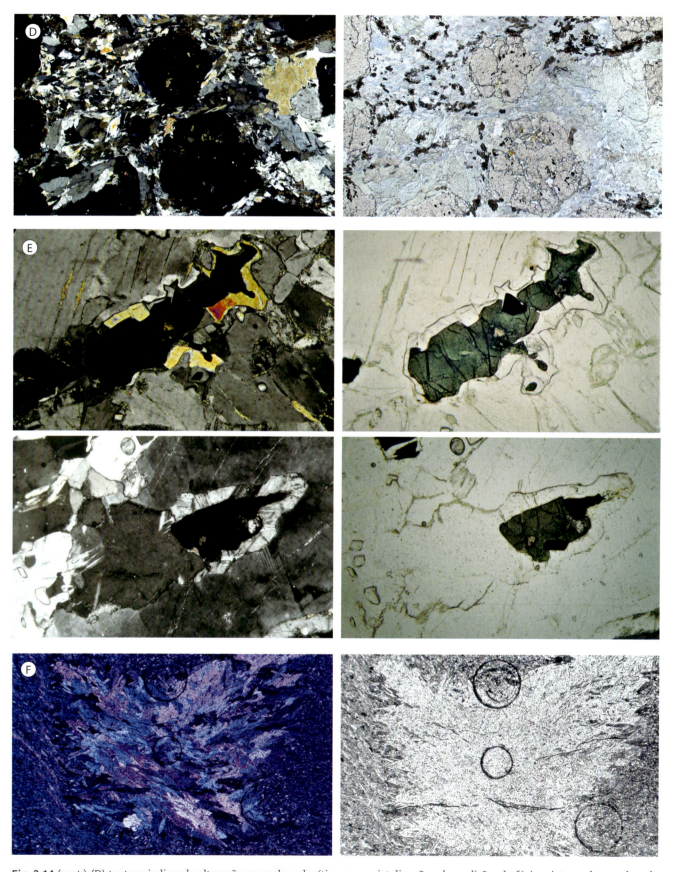

Fig. 2.14 *(cont.) (D) textura indicando alteração em rocha eclogítica, com cristalização sob condições da fácies xisto azul e envolvendo a substituição, por exemplo, da onfacita por glaucofana em eclogito da Formação Franciscana, Califórnia, Estados Unidos; (E) Texturas indicativas de back-reaction entre resíduo granulítico e líquido em migmatito (Goiás), definidas pela presença de coronas de sillimanita (acima) e cordierita (abaixo) ao redor de cristais de espinélio (hercynita); (F) textura envolvendo a substituição da estaurolita, mas sob condições de hidratação e com a formação de pseudomorfos constituídos por muscovita [nicóis cruzados e descruzados – 25x, com exceção do exemplo (E) – 50x]*

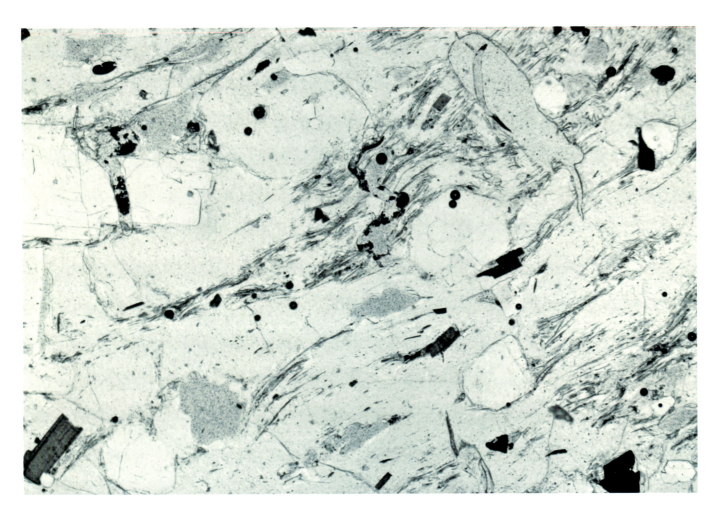

Fotomicrografia de riolito ignimbrítico – Nova Zelândia [nicóis descruzados e cruzados – 25x]

PETROGRAFIA MICROSCÓPICA DE ROCHAS ÍGNEAS

Este capítulo aborda aspectos descritivos das texturas das rochas ígneas em lâmina delgada. Para isso, inicialmente são apresentados os principais minerais formadores dessas rochas, com o objetivo de permitir ao leitor compreender e prever as possíveis associações mineralógicas presentes nelas. Em seguida, são apresentados os princípios que norteiam a classificação das rochas ígneas. Por fim, são descritos os principais tipos de texturas ígneas por grupos de rochas.

3.1 Minerais das rochas ígneas

A composição mineralógica das rochas ígneas comuns reflete, naturalmente, a composição química da crosta, e os oito elementos químicos mais abundantes – O, Si, Al, Fe, Ca, Na, K e Mg – são acomodados em poucos grupos de minerais amplamente distribuídos e representados principalmente pelo quartzo, feldspatos, piroxênios, anfibólios, micas, olivinas e feldspatoides (os dois últimos em rochas deficientes em sílica), além de óxidos de ferro-titânio. Em adição aos minerais, o vidro pode estar presente em algumas rochas vulcânicas. Os minerais essenciais das rochas ígneas frequentemente apresentam variação composicional, refletindo solução sólida substitucional. Complexidades adicionais são introduzidas pelas transformações polimórficas devidas às variações de temperatura.

3.1.1 Minerais essenciais
Constituintes félsicos

Grupo da sílica

O quartzo é a forma mais comum de sílica nas rochas ígneas, correspondendo à sua forma estável abaixo de 870 °C, sob pressão atmosférica. É característico das rochas ígneas ácidas.

Grupo dos feldspatos

Os minerais do grupo dos feldspatos são os mais abundantes e amplamente distribuídos constituintes das rochas ígneas, desde as ácidas, intermediárias e básicas até as alcalinas, estando ausentes apenas em algumas rochas ultrabásicas ou alcalinas raras. Esse fato, associado à sua extensa variação composicional, levou à sua adoção como parâmetro para classificação das rochas ígneas.

A composição dos feldspatos pode ser expressa em termos de um sistema ternário (Fig. 3.1) $KAlSi_3O_8$ (ortoclásio Or) – $NaAlSi_3O_8$ (albita, Ab) – $CaAl_2Si_2O_8$ (anortita, An). As três composições correspondem aos termos extremos das séries de solução sólida encontradas nos feldspatos. Os feldspatos sódico-potássicos formam a série dos feldspatos alcalinos, caracterizada pela ocorrência de solução sólida entre K^+ e Na^+, isto é, entre a albita (Ab) e o ortoclásio (Or). Essa série possui a particularidade de conter três polimorfos para a fórmula $KAlSi_3O_8$: sanidina, ortoclásio e microclina. Os feldspatos cálcio-sódicos são referidos como feldspatos plagioclásios, nos quais existe solução sólida entre Na^+ e Ca^{2+}, com substituição concomitante de Si^{4+} por Al^{3+}. A substituição do K^+ pelo Ca^{2+} e vice-versa é muito restrita.

Os feldspatos plagioclásios têm estrutura mais ordenada que os feldspatos alcalinos, independente-

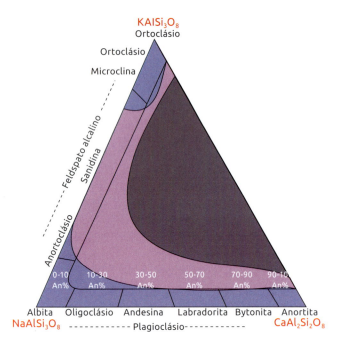

Fig. 3.1 *Nomenclatura dos feldspatos*
Fonte: *Zimbres (CC BY-SA 2.5, https://w.wiki/$2L).*

mente de sua temperatura de formação, e são sempre triclínicos. Os feldspatos alcalinos de alta temperatura, formados sob resfriamento rápido, são desordenados e cristalizam-se no sistema monoclínico – é o caso da sanidina e anortoclásio. O ortoclásio é o feldspato potássico formado a temperaturas elevadas ou intermediárias e resfriado lentamente. Ele também é monoclínico e possui estrutura parcialmente ordenada. A microclina é o feldspato potássico formado a temperaturas mais baixas e, por conta de um resfriamento mais lento, ela é mais ordenada e triclínica.

A temperatura de formação também influencia a composição, uma vez que a solução sólida é dependente da temperatura. A temperaturas elevadas, existe solução sólida completa tanto nos feldspatos alcalinos como nos plagioclásios. A temperaturas mais baixas, a extensão do campo de solução sólida dos feldspatos alcalinos diminui. Portanto, quando um feldspato alcalino formado a temperaturas elevadas ou intermediárias resfria lentamente, ocorre a separação de fases cristalinas a partir dessa solução sólida, com formação de um intercrescimento de feldspato potássico e sódico. Um feldspato potássico contendo lamelas ou massas irregulares de feldspato sódico é chamado de pertita. Chama-se antipertita o plagioclásio contendo inclusões de feldspato potássico (Fig. 3.2).

Grupo dos feldspatoides

Os feldspatoides são aluminossilicatos de sódio e potássio estruturalmente não relacionados, nos quais a razão atômica (Na+K)/Si excede a proporção 1:3, que é a dos feldspatos. Sua ocorrência restringe-se a rochas alcalinas aluminosas deficientes em sílica, tipicamente associadas com feldspatos alcalinos. As espécies mais comuns são: nefelina $Na_3KAl_4Si_4O_{10}$; sodalita $Na_8Al_6Si_6O_{24}Cl_9$; e leucita $KAlSi_2O_6$.

Constituintes máficos

Grupo das olivinas $(Mg,Fe)_2SiO_4$

Olivinas magnesianas (ricas em forsterita, Fo) são comuns em rochas ígneas com um conteúdo relativamente baixo de SiO_2 – notadamente em lavas basálticas e seus equivalentes plutônicos. Olivinas aproximando-se da composição Fe_2SiO_4 (ricas em faialita, Fa) são relativamente raras, mas, diferentemente de sua contraparte magnesiana, são estáveis na presença de excesso de SiO_2 e podem aparecer em rochas portadoras de quartzo com FeO/MgO elevado.

Grupo dos piroxênios

Os piroxênios são os mais importantes silicatos ferromagnesianos formadores de rocha, ocorrendo como minerais estáveis em quase todos os tipos de rochas ígneas. Os piroxênios correspondem a soluções sólidas de grande complexidade, cuja composição pode ser expressa pela fórmula geral XYZ_2O_6, em que X pode ser Na^{1+}, Ca^{2+}, Mn^{2+}, Fe^{2+}, Mg^{2+} e Li^{1+}; Y pode ser Mn^{2+}, F^{2+} e Mg^{2+}, Fe^{3+}, Al^{3+}, Cr^{3+} e Ti^{4+}; e Z é principalmente Si^{4+}, mas também pode ser Al^{3+}, no sítio tetraédrico.

Estruturalmente, eles podem ser ortorrômbicos ou monoclínicos. Os ortopiroxênios consistem de uma série simples de solução sólida representada pelos termos extremos (*end-members*) $MgSiO_3$ (enstatita) e $FeSiO_3$ (ferrossilita). Os piroxênios monoclínicos apresentam um amplo espectro composicional, e muitos deles podem ser considerados membros de um sistema de quatro componentes: $CaMgSi_2O_6$ (diopsídio) – $CaFeSi_2O_6$ (hedenbergita) – $MgSiO_3$ (clinoenstatita) – $FeSiO_3$ (clinoferrossilita). Segundo Deer, Howie e Zussman (1992), a série monoclínica, que representa composições $MgSiO_3$ – $FeSiO_3$, é rara em rochas terrestres. A augita é o piroxênio mais comum em rochas ígneas e tem a fórmula geral $(Ca,Na)(Mg,Fe,Al,Ti)[(Si,Al)O_3]_2$.

Existem ainda, como minerais formadores de rocha, os piroxênios sódicos, que são monoclínicos, variando de aegirinas (acmita quase pura, $NaFe^{3+}Si_2O_6$) a soluções sólidas acmita-diopsídio-hedembergita. Eles ocorrem em rochas ígneas com conteúdo excessivo em sódio, relativamente ao Al_2O_3, de modo que nem todo o sódio pode ser acomodado nos feldspatos alcalinos ou feldspatoides, nos quais (Na + K)/Al = 1.

Fig. 3.2 Os feldspatos e seus intercrescimentos. (A) A pertita corresponde ao intercrescimento formado pela exsolução de lamelas albíticas a partir do feldspato alcalino hospedeiro. Nessa fotomicrografia, esses intercrescimentos estão representados pelas porções esbranquiçadas que desenham uma rede de delgados veios no cristal hospedeiro; (B) a mesopertita, observada no cristal que ocupa a porção central da foto, corresponde ao íntimo intercrescimento, em proporções aproximadamente iguais, entre o feldspato potássico hospedeiro e o feldspato sódico lamelar, este último representado pelas porções esbranquiçadas com aspecto de cordão; (C) os intercrescimentos pertíticos também podem se dar pelo desenvolvimento de "manchas" (do inglês, patch) de feldspato sódico (albita) no feldspato hospedeiro, sendo possível ver a geminação polissintética do primeiro. Esse tipo de intercrescimento é atribuído a processos de substituição entre os dois feldspatos; (D) a antipertita corresponde ao intercrescimento de lamelas de feldspato potássico em um feldspato sódico ou plagioclásio hospedeiro [nicóis cruzados – 25x, com exceção do exemplo (B) – 50x]

Grupo dos anfibólios

Os anfibólios, usuais em rochas ígneas comuns, são hornblendas – silicatos quimicamente complexos, cuja composição aproximada é expressa pela fórmula $NaCa_2(Mg,Fe)_4Al(Al_2Si_6O_{22})(OH)_2$, podendo ocorrer substituição limitada de Na por K, de Al por Fe^{3+} e de OH^- por F^-. Merecem destaque a riebeckita, $Na_2Fe^{2+}{}_3Fe^{3+}{}_2(Si_8O_{22})(OH)_2$, que ocorre em algumas rochas vulcânicas sódicas, e a arfvedsonita, outra hornblenda alcalina encontrada principalmente em rochas plutônicas sódicas.

Grupo das micas: biotita

A maioria das micas ígneas é biotita, $K(Mg,Fe)_3(AlSi_3O_{10})(OH)_2$, na qual Fe^{3+} pode substituir Mg^{2+}, com substituição compensada de Si^{4+} por Al^{4+}.

Óxidos de ferro e titânio

Os minerais opacos comuns das rochas ígneas recaem em duas séries isoestruturais com óxidos de ferro e titânio como termos extremos finais; eles são encontrados em quase todos os tipos de rochas, mas usualmente em menor quantidade. A série-α (ilmenitas) é romboédrica – na realidade, solução sólida entre ilmenita ($FeTiO_3$) e hematita (Fe_2O_3) com mais que 25% de Fe_2O_3. A série-β (magnetitas) é uma complexa série de solução sólida isométrica entre magnetita (Fe_3O_4) – ulvoespinélio (Fe_2TiO_4). Exsolução e oxidação durante o resfriamento comumente levam, em ambas as séries, ao desenvolvimento de intercrescimentos internos de combinações de óxidos de ferro-titânio. Os polimorfos de TiO_2, rutilo e anatásio, são muito mais raros.

3.1.2 Minerais acessórios

A maioria das rochas ígneas contém pequenas quantidades de minerais denominados acessórios, que em parte são constituídos por elementos excluídos ou que não conseguem ser completamente acomodados nas estruturas de minerais essenciais, tais como: fósforo e flúor na apatita, $Ca_5(PO_4)_3(OH,F)$; zircônio no zircão, $ZrSiO_4$; excesso de titânio e, em menor quantidade, de tório na titanita, $CaTiSiO_5$; cromo no espinélio cromífero, $(Fe,Mg)O(Cr,Al)_2O_3$; excesso de alumínio em alguns granitos, na muscovita, $KAl_2(AlSi_3O_{10})(OH)_2$; enxofre em vários sulfetos, principalmente pirita, FeS_2; carbono na calcita, $CaCO_3$, ou siderita, $FeCO_3$; titânio e elementos terras-raras na perovskita, $(Ca, Na,Fe^{2+},Ce)(Ti,Nb)O_3$.

3.2 Nomeando as rochas ígneas

Esforços têm sido feitos no sentido de se propor um sistema de classificação e nomenclatura das rochas ígneas que seja internacionalmente aceito. Em 1970, uma subcomissão da International Union of Geological Sciences (IUGS) começou a trabalhar com esse objetivo. As proposições resultantes desse estudo tornaram-se conhecidas pelos trabalhos de Albert Streckeisen, que foi presidente da subcomissão até 1980. Suas recomendações e os detalhamentos feitos posteriormente foram apresentados recentemente em um volume, editado por Le Maitre (2003), e embasam a sistemática adotada neste livro.

3.2.1 Fatores considerados para a classificação das rochas ígneas

Os principais fatores considerados para a classificação das rochas ígneas são a composição mineralógica (moda) e o tamanho dos grãos. A composição normativa (norma), embora importante para a petrologia, não será considerada, pois envolve a composição química da rocha.

Composição mineralógica

A composição mineralógica de uma rocha, ou simplesmente moda, corresponde ao conteúdo mineral real expresso em porcentagem em volume. Situações excepcionais que não permitem o uso da moda são as rochas vítreas, ou de grão muito fino, e as rochas piroclásticas. No primeiro caso, a classificação é feita com base em dados químicos. As rochas piroclásticas, por sua vez, são nomeadas de acordo com as dimensões dos fragmentos que as compõem e são identificadas como: cinza, *lapilli*, blocos e bombas. Como exemplo, podem ser mencionadas as rochas muito finas, formadas por cinzas e identificadas como tufos.

Estimativas da porcentagem em volume dos minerais presentes em uma rocha podem ser feitas visualmente ou, de modo mais acurado, utilizando o contador de pontos (Hutchinson, 1974), ou, ainda, por análise de imagens por computador (Allard; Sotin, 1988). Segundo as recomendações da IUGS (Le Maitre, 2003), as classificações modais das rochas vulcânicas e plutônicas são baseadas nas proporções relativas dos seguintes grupos de minerais, cujos volumes modais devem ser determinados:

- Q = Quartzo, tridimita, cristobalita.
- A = Feldspato alcalino, incluindo ortoclásio, microclina, pertita, anortoclásio, sanidina e plagioclásio albítico (An_{0-5}).
- P = Plagioclásio (An_{5-100}) e escapolita.
- F = Feldspatoides (= foides), incluindo nefelina, leucita, kalsilita, analcima, sodalita, noseana, haüyna, cancrinita e pseudoleucita.
- M = Minerais máficos e relacionados, por exemplo, mica, anfibólio, piroxênio, olivina, minerais opacos, minerais acessórios (zircão, apatita, titanita), epidoto, allanita, granada, melilita, monticellita, carbonato primário etc.

Q, A, P e F correspondem aos grupos dos minerais félsicos, ao passo que os minerais do grupo M são considerados máficos, do ponto de vista da classificação modal. A soma Q + A + P + F + M deve-se igualar a 100, porém um desses valores será sempre igual a zero, uma vez que os minerais dos grupos Q e F são mutuamente excludentes.

Quando não é possível a determinação modal, a classificação é feita com base nos dados químicos. Nesses casos, todos os óxidos e valores normativos devem ser expressos em porcentagem em peso. Trata-se da composição normativa já mencionada e que deve ser baseada no cálculo da norma CIPW.

Tamanho dos grãos

Com base no tamanho do grão, as rochas ígneas são divididas em dois grupos: o das plutônicas, cujos cristais são distinguíveis à vista desarmada, e o das vulcânicas, que contêm elevada proporção de cristais indistinguíveis à vista desarmada e podem conter vidro. Segundo Le Maitre (2003), o termo plutônico é adotado para designar rochas ígneas ou com aspecto de ígneas, denominadas faneríticas, isto é, com grãos de tamanho superior a 3 mm, cujos cristais podem ser reconhecidos à vista desarmada, os quais presume--se que tenham se formado por resfriamento lento. De acordo com o mesmo autor, o termo vulcânico é adotado para definir as rochas ígneas afaníticas, isto é, com grãos de tamanho inferior a 1 mm, nas quais a maior parte dos cristais individuais não pode ser reconhecida à vista desarmada, e cuja formação, presumidamente, deu-se por resfriamento rápido.

Conclui-se que os termos fanerítico e afanítico têm a ver com a possibilidade ou não de individualização de grãos à vista desarmada e, por conseguinte, com a identificação de minerais; nesse sentido, não se aplica empregá-los como tipos de texturas. Portanto, devem ser utilizados exclusivamente nas descrições macroscópicas.

Índice de cor

O índice de cor, como definido pela subcomissão do IUGS e apresentado por Streckeisen (1976) e Le Maitre (2003), corresponde ao parâmetro M', que é igual a M (como definido no item anterior) subtraído das porcentagens modais de muscovita, apatita e carbonatos primários. Portanto,

$$M' = M - (muscovita + apatita + carbonatos primários)$$

Para a classificação das rochas ígneas quanto ao índice de cor, os termos usados são leucocrático (0% < M' < 35%), mesocrático (35% < M' < 65%), melanocrático (65% < M' < 90%) e holomelanocrático ou ultramáfico (M' > 90%).

3.2.2 Usando a classificação

Embora a ênfase deste livro seja a descrição das texturas e estruturas típicas das rochas ígneas, não há como deixar de tratar dos princípios adotados para a classificação destas e da dificuldade de classificá-las utilizando um único sistema. Sempre que possível, a classificação das rochas ígneas é baseada na composição mineralógica modal. No entanto, os parâmetros modais requeridos para classificar adequadamente uma rocha ultramáfica, constituída de olivina e piroxênios, são diferentes daqueles necessários para classificar adequadamente uma rocha félsica, consti-

tuída por quartzo e feldspatos. Dificuldade adicional é trazida pelo fato de a classificação modal não poder ser aplicada a rochas que contêm vidro ou que são de grão muito fino, de modo que outros critérios, como a composição química, têm de ser usados nesses exemplos.

Por essas razões, várias classificações têm sido apresentadas, cada uma das quais aplicável a certos grupos de rochas, por exemplo, rochas piroclásticas, rochas lamprofíricas, rochas plutônicas etc. Isso significa que cabe ao usuário decidir qual é a classificação adequada para a rocha em questão. Para fazer isso de uma maneira consistente, de modo que diferentes petrólogos cheguem a uma mesma resposta, a subcomissão da IUGS recomenda que seja adotada uma hierarquia de classificação (Le Maitre, 2003). Ao classificar uma rocha ígnea, o princípio básico envolvido nisso se refere a seguir um roteiro, como apresentado abaixo, de modo que rochas com características distintivas "especiais" (passos 1 a 9 do esquema) são consideradas primeiro, deixando para o fim as rochas "ordinárias", mais comuns (passos 10 e 11).

A sequência de passos proposta por Le Maitre (2003) é a seguinte:

1. Se a rocha é considerada de origem piroclástica, usar a classificação para "Rochas piroclásticas e tefras".
2. Se a rocha contém mais que 50% de carbonato modal primário, usar a classificação para "Carbonatitos".
3. Se a rocha contém mais que 10% de melilita modal, usar a classificação para "Rochas com melilita".
4. Se a rocha contém kalsilita, usar a classificação para "Rochas com kalsilita".
5. Checar se a rocha é um "Kimberlito".
6. Checar se a rocha é um "Lamproíto".
7. Se a rocha contém leucita modal, usar a classificação para "Rochas com leucita".
8. Checar se a rocha é um "Lamprófiro".
9. Se a rocha é félsica e contém ortopiroxênio (ou faialita mais quartzo), usar a classificação para "Rochas charnockíticas".
10. Se nenhum dos casos acima se aplica e a rocha for plutônica, usar a classificação para "Rochas plutônicas".
11. Se a rocha é vulcânica, usar a classificação para "Rochas vulcânicas".
12. Se você chegou a este ponto, ou a rocha não é ígnea, ou você cometeu algum engano.

Nomes-raiz e qualificadores

Os esquemas de classificação propostos com base nos parâmetros modais e tamanhos de grão raramente vão além da atribuição de um nome-raiz a uma rocha, por exemplo, sienito. Como tais nomes-raiz não são específicos o suficiente, a subcomissão encoraja o uso de qualificadores, que podem ser adicionados a qualquer nome-raiz. Qualificadores típicos são nomes de minerais (granada granito), termos texturais (granito porfirítico) e termos descritivos gerais (riolito castanho alterado). Não existem restrições. Se mais que um nome de mineral qualificador é atribuído, a ordem deve ser segundo a abundância crescente: um piroxênio-biotita dacito, por exemplo, contém mais biotita que piroxênio (Fig. 3.3).

O conteúdo de vidro em rochas vulcânicas também deve ser atestado por termos qualificadores: com vidro (0% a 20% de vidro), rica em vidro (20% a 50%) ou vítrea (50% a 80%). Quando o conteúdo de vidro for superior a 80%, são usados nomes especiais, tais como obsidiana e vitrófiro. Se a classificação química é utilizada, então o prefixo *hialo* indica a presença de vidro.

Nas rochas plutônicas, quando o tamanho dos grãos for mais fino que o usual, o prefixo *micro* deve acompanhar o nome da rocha, por exemplo, microtonalito. A única exceção é o uso dos termos diabásio e dolerito, aplicáveis para o gabro de grão fino.

O prefixo *meta* pode ser usado para indicar que uma rocha ígnea foi metamorfizada, por exemplo, metarriolito, mas apenas quando a textura ígnea ainda estiver preservada e for possível deduzir a rocha original.

Rochas vulcânicas para as quais a moda não puder ser determinada e não houver análises químicas disponíveis podem ser nomeadas provisoriamente segundo a terminologia de Niggli (1931), usando os minerais visíveis (comumente fenocristais) para atribuir um nome à rocha, o qual deve ser precedido pelo prefixo *feno* (Streckeisen, 1976, 1979). Assim, uma rocha com fenocristais de plagioclásio será provisoriamente nomeada como fenoandesito.

Como as rochas "especiais" (1 a 9) ocorrem mais restritamente, a classificação das rochas "ordinárias" (10 e 11) será apresentada em primeiro lugar.

Fig. 3.3 *Minerais qualificadores de rochas. Minerais essenciais presentes em granitos, granodioritos e tonalitos, como a biotita, a hornblenda, a sillimanita e a muscovita, podem ser utilizados tanto como qualificadores para os nomes dessas rochas quanto como indicadores genéticos. (A) Biotita granito. A biotita, único mineral máfico essencial presente, é usada como qualificador para o nome da rocha; (B) biotita-hornblenda granito. Os minerais máficos essenciais presentes nessa rocha, biotita e hornblenda (porção superior, à esquerda na imagem), além de utilizados como qualificadores, também o podem ser como indicadores genéticos, mostrando ser este um granito do tipo I; (C) sillimanita. A presença nesse granito da sillimanita, um aluminossilicato, pode ser considerada, tanto para a qualificação do nome da rocha como para a indicação de sua gênese, um granito do tipo S [nicóis cruzados – 25x]*

Rochas plutônicas

Esta classificação deve ser adotada apenas se a rocha se formou por resfriamento lento e é de grão relativamente grosso (> 3 mm), de modo que os cristais individuais podem ser facilmente vistos à vista desarmada e que esteja descartada a possibilidade de classificação como qualquer dos tipos especiais (charnockito, melilitolito etc.). Existe, naturalmente, uma gradação entre as rochas plutônicas e vulcânicas. A subcomissão da IUGS sugere que, se existir alguma incerteza quanto à natureza plutônica ou vulcânica de uma rocha, deve ser adotado o nome-raiz plutônico, acrescido do prefixo *micro*, por exemplo, microssienito. Reconhecem-se dois grupos principais de rochas plutônicas: aquelas com M < 90%, classificadas de acordo com sua posição no triângulo duplo QAPF (Fig. 3.4A), e as rochas ultramáficas, com M > 90%, classificadas segundo os minerais máficos presentes (Fig. 3.4B). Os vértices do diagrama de classificação das rochas plutônicas, com M < 90%, são os parâmetros Q, A, P e F,

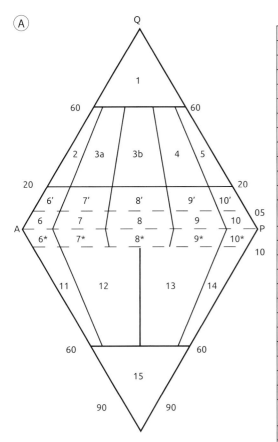

CAMPO	NOMES DAS ROCHAS SEGUNDO DIAGRAMA DE STRECKEISEN	
	Rochas Plutônicas	Rochas Vulcânicas
1	Não observados	Não observados
2	Álcali-feldspato Granito	Álcali-feldspato Riolito
3a	Sienogranito	Riolito
3b	Monzogranito	
4	Granodiorito	Dacito
5	Tonalito	
6'	Quartzo Álcali-feldspato Sienito	Quartzo Álcali-feldspato Traquito
7'	Quartzo Sienito	Quartzo Traquito
8'	Quartzo Monzonito	Quartzo Latito
9'	Quartzo Monzodiorito/Quartzo Monzogabro	Basalto/Andesito
10'	Quartzo Diorito/Quartzo Gabro/Quartzo anortosito	Basalto/Andesito
6	Álcali-feldspato Sienito	Álcali-feldspato Traquito
7	Sienito	Tracito
8	Monzonito	Latito
9	Monzodiorito/Monzogabro	Basalto/Andesito
10	Diorito/Gabro/Anortosito	Basalto/Andesito
6*	Foide Álcali-feldspato Sienito	Foide Álcali-Feldspato Traquito
7*	Foidessienito	Foidetraquito
8*	Foidemonzonito	Foidelatito
9*	Foidemonzodiorito ou foidemonzogabro	Basalto/Andesito
10*	Foidediorito/foidegabro	Basalto/Andesito
11	Foidessienito	Fonolito
12	Foidemonzosienito	Fonolito tefrítico
13	Foidemonzodiorito ou foidemonzogabro	Basanito fonolítico ou Tefrito fonolítico
14	Foidediorito/foidegabro	Basanito ou Tefrito
15	Foidolito	Foidito

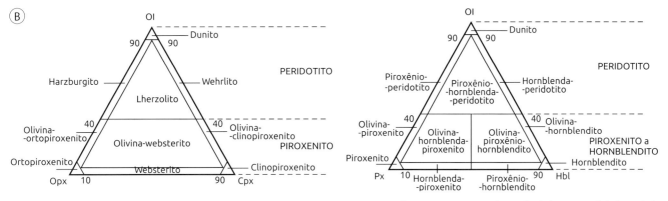

Fig. 3.4 *Diagramas de classificação modal (QAPF) para rochas ígneas. Os diagramas para rochas plutônicas e vulcânicas (A) seguem propostas de Streckeisen (1976, 1979). Os vértices do duplo triângulo correspondem aos máximos para quartzo/Q, feldspato alcalino/A, plagioclásio/P e feldspatoide/F. Não se aplica para rochas com conteúdo em M > 90. Para rochas com mais de 90% de minerais máficos (B), Streckeisen (1976) propôs diagramas com indicações de conteúdos em olivina (Ol), ortopiroxênio (Opx), clinopiroxênio (Cpx), piroxênio (Px) e hornblenda (Hbl)*

já definidos. Para projetar uma rocha dentro do triângulo duplo QAPF, a porcentagem modal dos minerais que correspondem aos vértices do diagrama deve ser recalculada para 100%. O triângulo duplo QAPF é subdividido em 15 campos e os principais nomes de rocha atribuídos a cada campo são apresentados na Fig. 3.4A.

O campo 1 não é representado por rochas ígneas comuns. As rochas dos campos 2 a 5 caracterizam-se pela presença de quartzo modal em quantidade entre 20% e 60% do conteúdo mineralógico félsico. Os nomes específicos para as rochas projetadas nos campos 2, 3, 4 e 5 são, respectivamente, álcali-feldspato granito, granito, granodiorito e tonalito, distinguindo-se umas das outras pelas proporções relativas de A e P. As rochas do campo 2 (álcali-feldspato granito) têm sido chamadas de álcali granito por muitos autores. Le Maitre (2003), em nome da subcomissão da IUGS, recomenda o uso do termo granito peralcalino para designar granitos que contêm anfibólios sódicos e/ou piroxênios sódicos. Alaskito é um nome varietal para o álcali-feldspato granito leucocrático, e trondhjemito ou plagiogranito são nomes alternativos para tonalito leucocrático. Hornblenda, biotita e muscovita comumente acompanham os minerais félsicos, e, menos comumente, piroxênio ou faialita, cordierita e granada também podem estar presentes. Apatita, zircão, titanita, allanita, monazita, turmalina, topázio e óxidos de ferro-titânio opacos podem ocorrer como minerais acessórios. Qualquer nome de mineral pode ser usado como um qualificador, como em hornblenda granito. Termos estruturais também são usados, como tonalito foliado ou granodiorito gnáissico. Rochas graníticas podem ainda ser qualificadas geneticamente como dos tipos I, S, A ou M. Granitos do tipo I têm sua origem ligada à fusão de rochas ígneas ou de sedimentos imaturos derivados de rochas ígneas, normalmente em ambientes de subducção. A mineralogia típica inclui hornblenda, biotita verde, marrom ou cor de palha, ambas usualmente contendo inclusões de apatita, titanita, possivelmente allanita e magnetita, algumas vezes com ilmenita. Granitos do tipo S derivam da fusão parcial de material de origem sedimentar metamorfizado em ambientes colisionais e contêm biotita castanho-avermelhada, nenhuma hornblenda, monazita no lugar de allanita e titanita, muscovita, possivelmente cordierita e granada, e ilmenita no lugar de magnetita. Apatita tende a ocorrer como prismas discretos. Sillimanita ou andaluzita podem estar presentes, bem como topázio (indicando atividade de um fluido rico em F) e turmalina. Granitos

do tipo A são considerados pós-orogênicos até anorogênicos, com presença frequente em zonas de *rift* e áreas continentais estáveis. Mineralogicamente, são caracterizados por micas ricas em F, anfibólios e piroxênios, e, nas variedades peralcalinas, por anfibólios alcalinos (arfvedsonita, riebeckita etc.). Intercrescimentos granofíricos, fluorita e minerais portadores de Zr são características comuns. Granitos do tipo M, que de fato correspondem a plagiogranitos, ou mesmo gabros, são encontrados apenas em ambientes de arcos de ilhas oceânicas. São caracterizados pela presença de hornblenda, biotita e piroxênio, xenólitos ígneos básicos e feldspato potássico como intercrescimento granofírico tardio intersticial.

As rochas plutônicas dos campos 6 a 9 são constituídas essencialmente por álcali-feldspato e quantidades variáveis de plagioclásio, sendo praticamente desprovidas de quartzo (Q < 5%). As razões A/P que caracterizam álcali-feldspato sienito, sienito, monzonito, monzodiorito e monzogabro (correspondentes, respectivamente, aos campos 6, 7, 8 e 9) estão indicadas na Fig. 3.4A. As rochas do campo 9 são chamadas de monzodiorito se o plagioclásio tiver An < 50%; e monzogabro, se An > 50%. Os campos 6* a 9* são variante dos campos 6 a 9, correspondendo a rochas ligeiramente supersaturadas em sílica, o que se traduz mineralogicamente na ocorrência de quartzo modal (5% < Q < 20%). As rochas são então chamadas de quartzo álcali-feldspato sienito (campo 6'), quartzo sienito (campo 7'), quartzo monzonito (campo 8') e quartzo monzodiorito ou quartzo monzogabro (campo 9'). As rochas dos campos 6* a 9* são variantes ligeiramente subsaturadas em sílica, o que acarreta a presença de feldspatoides na moda (0% < F < 10%, usualmente nefelina ou sodalita). As rochas são qualificadas como portadoras de feldspatoide e são nomeadas como álcali-feldspato sienito com foide (campo 6*), sienito com foide (campo 7*), monzonito com foide (campo 8*) e monzodiorito ou monzogabro com foide (campo 9*). Os minerais máficos comumente presentes são hornblenda e biotita, podendo ser titanoaugita ou diopsídio, nas variedades ricas em P e M, além de piroxênios alcalinos (aegirina, aegirina-augita) e anfibólios ricos em sódio, como arfvedsonita, nos sienitos mais alcalinos. Apatita, zircão, óxidos de ferro opacos e fluorita são minerais acessórios.

As rochas do campo 10, constituídas essencialmente por plagioclásio e quantidades variáveis de minerais do grupo M, encontram-se representadas na Fig. 3.5 e recebem as denominações de diorito, gabro e anortosito. Elas são distinguíveis por seus índices de

Fig. 3.5 *Mineralogia e nomenclatura de rochas gabroicas e anortosíticas. (A) Anortosito: nessa rocha, os cristais de plagioclásio totalizam mais de 90% da moda. O clinopiroxênio augita, no centro e também à direita na fotomicrografia, é a principal fase máfica presente e mostra evidências de uralitização, como demonstrado pelas bordas de anfibólio; (B) gabro: esse nome aplica-se às rochas ígneas plutônicas, compostas por plagioclásio acompanhado por augita; (C) norito: é o nome que se dá às rochas gabroicas nas quais a principal fase máfica é o ortopiroxênio. Para a rocha em questão, alguma augita também está presente [nicóis cruzados – 25x]*

cor e pela composição média do plagioclásio presente: se M > 10% e o plagioclásio, An_{0-50}, a rocha é um diorito; porém, se M > 10% e o plagioclásio, An_{50-100}, a rocha é um gabro e, se M < 10%, a rocha é um anortosito. Os minerais máficos presentes em anortositos podem ser hornblenda, piroxênio e olivina. Em dioritos, usualmente se observa hornblenda ou biotita, embora algumas vezes augita uralitizada também possa estar presente. Em gabros, olivina, augita, ortopiroxênio e hornblenda são os minerais máficos. Dependendo da fase máfica presente, são conferidos nomes diferentes aos gabros: gabro, *sensu stricto*, é composto por plagioclásio e clinopiroxênio augítico; norito, por plagioclásio e ortopiroxênio; troctolito, por plagioclásio e olivina; hornblenda gabro, por hornblenda e plagioclásio (piroxênio < 5%). Biotita é um constituinte menor presente nas rochas gabroicas. Acessórios comuns incluem apatita, rutilo, magnetita e espinélio. Nesta obra, os termos dolerito e diabásio são usados como sinônimos para gabro de granulação fina.

As rochas dos campos 11 a 14 caracterizam-se pela presença de feldspatoides entre 10% e 60% do conteúdo félsico total. Os nomes-raiz são foidessienito (campo 11), foidemonzosienito (campo 12), foidemonzodiorito ou foidemonzogabro (campo 13) e foidediorito ou foidegabro (campo 14). O uso de diorito *versus* gabro baseia-se na porcentagem de An do plagioclásio, sendo < 50% ou > 50%. A nomear a rocha, o termo "foide" deve ser substituído pelo nome do feldspatoide dominante, por exemplo, nefelina sienito. Além dos feldspatos e feldspatoides, eles podem conter uma grande variedade de minerais máficos, desde os tipos mais comuns de clinopiroxênio e anfibólio até espécies fortemente alcalinas. Os minerais acessórios incluem apatita, zircão e óxidos opacos de Fe-Ti, além de uma grande variedade de minerais raros de Zr e Ti.

Foidolitos (campo 15) são rochas plutônicas com feldspatoides que representam quase que a totalidade dos seus minerais félsicos (60% < F < 100%). O termo "foide" nos foidolitos deve ser substituído pelo nome do feldspatoide dominante, por exemplo, nefelinolito. O mineral máfico mais frequente é aegirina ou aegirina-augita, mas também pode ocorrer hornblenda rica em Na, anfibólio alcalino, biotita, granada-melanita e melilita. Uma vasta gama de minerais acessórios, incluindo apatita, titanita, eudialita, carbonatos, perovskita e vários minerais opacos, é encontrada nessas rochas.

As rochas ultramáficas possuem M > 90% e são constituídas essencialmente por olivina, piroxênio e hornblenda em proporções variadas, por vezes associadas à biotita ou flogopita, granada ou espinélio. A classificação dessas rochas é baseada nas proporções relativas de olivina, ortopiroxênio e hornblenda, como apresentado nos dois triângulos da Fig. 3.4B. Nomes gerais são peridotito, para rochas com olivina > 40%, e piroxenito ou hornblendito, para rochas com olivina < 40%, e principalmente piroxênio ou hornblenda, respectivamente. Peridotitos são subdivididos em dunito (olivina > 90%), harzburgito, lherzolito e wehrlito; já piroxenitos, em ortopiroxenito, websterito e clinopiroxenito. Se granada ou espinélio totalizam < 5%, a rocha é qualificada como peridotito com granada; se > 5%, o nome se torna granada peridotito.

Rochas vulcânicas

Esta classificação deve ser usada apenas se a rocha for considerada de origem vulcânica e possuir uma granulação muito fina, na qual a maioria dos indivíduos cristalinos não pode ser vista à vista desarmada.

Rochas vulcânicas, muitas vezes, contêm vidro ou são de grão tão fino que sua moda não pode ser determinada e a única maneira apropriada de classificá-las e nomeá-las é baseando-se em sua composição química. Esse é um problema tão frequente que classificações químicas de rochas vulcânicas têm se tornado mais importantes, e certamente mais usadas, que as classificações mineralógicas. Quando o tamanho dos grãos permite sua identificação e, portanto, a composição mineralógica modal pode ser determinada, a classificação é feita com base no diagrama QAPF.

Os números dos campos QAPF para vulcânicas são os mesmos que para a classificação das rochas plutônicas (Fig. 3.4A), exceto o campo 15, que está dividido em três subcampos na classificação das rochas vulcânicas.

As rochas dos campos 2 a 5 caracterizam-se pela presença de quartzo modal em quantidades entre 20% e 60% e, dependendo das proporções de A e P, são chamadas álcali-feldspato riolito (campo 2), riolito (campo 3) e dacito (campos 4 e 5). Fenocristais possíveis incluem quartzo – tipicamente sob a forma bipiramidal de alta temperatura –, álcali-feldspato e/ou plagioclásio sódico – usualmente An < 50% –, ortopiroxênio (especialmente em dacitos), hornblenda

ou biotita. A maior parte dessas rochas vulcânicas contém vidro; se o vidro for > 80%, a rocha é chamada obsidiana; se o vidro for rico em água (> 4%), é chamada *pitchstone*.

Para as rochas do campo 2, álcali-feldspato riolito, a subcomissão da IUGS recomenda o emprego do termo riolito peralcalino, preferencialmente a álcali--riolito, quando a rocha contém piroxênio alcalino e/ou anfibólio alcalino.

As rochas dos campos 6 a 8 contêm quartzo modal entre 0% e 5% do conteúdo félsico e, dependendo das proporções relativas de feldspato alcalino e plagioclásio, são classificadas como álcali-feldspato traquito, traquito e latito.

Traquitos podem conter qualquer tipo de álcali--feldspato, desde anortoclásio, rico em Na, a sanidina, rica em K. Usualmente, o feldspato é completamente dominante, e os minerais máficos associados podem ser augita, hornblenda ou biotita. Rochas dos campos 6 a 8 podem ser qualificadas pela adição dos termos "quartzo" ou "com foide" (por exemplo, quartzo traquito ou traquito com nefelina), como indicado na Fig. 3.4A.

A maioria das rochas vulcânicas recai nos campos 9 e 10. Basaltos e andesitos constituem um bom exemplo da dificuldade de classificação ou de distinção com bases petrográficas. Essas rochas projetam-se no vértice P do diagrama QAPF e são separadas com a tentativa de se usar índice de cor, a um limite de 40% em peso ou 35% em volume e 52% em SiO_2. A composição do plagioclásio (a um limite de An_{50}) é menos aceitável para a distinção entre basalto e andesito, porque muitos andesitos comumente contêm associações mistas de fenocristais que mostram padrões de zonamento complexos, sugerindo mistura de magmas (Shelley, 1993). Segundo esse mesmo autor, a diferença entre andesitos e basaltos nunca foi satisfatoriamente definida petrograficamente, pois os sinalizadores de uma cor mais pálida em andesitos que em basaltos, a presença de ortopiroxênio (frequentemente coexistindo com augita) no andesito e a falta de olivina abundante não são infalíveis. Alguns andesitos contêm quantidades significativas de hornblenda, possivelmente acompanhada por augita ou biotita.

A distinção entre diferentes tipos de basalto é baseada em critérios químicos. Basaltos classificados com base química como subalcalinos são petrograficamente chamados de basalto tholeiítico ou tholeiito, contêm piroxênio pobre em Ca, como pigeonita ou ortopiroxênio, e, se completamente cristalinos, usualmente possuem intercrescimento granofírico; olivina é ausente da matriz, mas, se presente como fenocristal, mostra evidência de reação com o piroxênio pobre em Ca. Os basaltos alcalinos correspondem petrograficamente a olivina basaltos, contendo abundante olivina e augita (frequentemente castanho-vermelha, rica em Ti), como fenocristais e na matriz. Basaltos classificados quimicamente como hawaiitos são ricos em feldspatos, usualmente contendo fenocristais de labradorita, ripas de andesina na matriz e anortoclásio intersticial. Picrito, mais bem classificado com base química (diagrama TAS), ocupa o campo do basalto, mas deste se difere por conteúdos elevados em olivina e piroxênio. Uma variedade, o oceanito, descrito como um basalto picrítico, é rico em fenocristais de olivina em matriz constituída por augita, olivina e plagioclásio.

Aplica-se o nome-raiz fonolito (campo 11) para designar rochas constituídas essencialmente de feldspato alcalino, feldspatoide e minerais máficos (Fig. 3.6). A maioria dos fonolitos é sódica e contém feldspatoides e álcali-feldspato ricos em Na; o uso do nome sem qualificação implica a presença de nefelina ± sodalita. Se outros feldspatoides ou analcima predominam, o nome deve ser usado como qualificador, como em leucita fonolito. Os minerais máficos tipicamente incluem aegirina-augita ou aegirina, anfibólio alcalino, aenigmatita e biotita. Os minerais acessórios comuns incluem titanita, Ti-magnetita, zircão, apatita e eudialyta. Fonolito contendo piroxênio alcalino e/ou anfibólio alcalino pode ser chamado de fonolito peralcalino. Fonolito tefrítico, tefrito fonolítico e basanito fonolítico correspondem a tipos intermediários entre fonolito e tefrito ou basanito (campo 14). A distinção entre basanito e tefrito (Fig. 3.7) é baseada na quantidade de olivina normativa, que é > 10% no primeiro caso e < 10% no segundo. Petrograficamente, basanitos têm significativa olivina modal. Uma variedade porfirítica e melanocrática de basanito, mas com alto conteúdo em fenocristais de piroxênio e olivina, é o ankaramito. O plagioclásio no basanito e tefrito é usualmente muito cálcico, e os fenocristais de piroxênio são titanoaugita púrpura-castanha, frequentemente zonada para variedades sódicas verde na borda. Anfibólio e biotita são menos comuns, mas se presentes tendem a ser as variedades alcalinas e ricas em Ti. Os minerais acessórios incluem titanita, apatita e Ti-magnetita. O mineral dominante do grupo F pode ser indicado no nome, como em nefelina tefrito.

As rochas dos campos 15, 15a e 15b são, respectivamente, chamadas de foidito (campo 15), foidito fonolítico (campo 15a), foidito tefrítico ou foidito

Fig. 3.6 *Fonolito. Aplica-se o nome-raiz fonolito para designar rochas vulcânicas constituídas essencialmente de feldspato alcalino, feldspatoide e minerais máficos. Nesse exemplar, caracterizado por matriz muito fina, observa-se a presença de fenocristais de nefelina e sanidina [nicóis cruzados – 25x]*

Fig. 3.7 *Tefrito. Leucita tefrito porfirítico da região do Vesúvio, Itália, apresenta fenocristais de augita, plagioclásio – ambos podendo apresentar-se zonados ou não – e de leucita, em matriz constituída por leucita arredondada, ripas de plagioclásio e augita. Nessa fotomicrografia, veem-se fenocristais de augita zonada e de leucita. O mineral do grupo dos feldspatoides predominante (leucita) pode ser usado como qualificador para nomear a rocha [nicóis cruzados – 25x]*

basanítico (campo 15b). O nome-raiz foidito deve ser modificado de acordo com o mineral predominante do grupo F, como leucitito. A rocha de tipo mais comum, nefelinito, usualmente contém fenocristais de olivina e/ou clinopiroxênio, algumas vezes em abundância. Aqueles ricos em olivina usualmente contêm titanoaugita de cor púrpura-castanha e aqueles pobres em olivina, uma augita pobre em Ti de cor clara, frequentemente tão abundante que a rocha é chamada de melanefelinito devido à sua cor escura. Nefelinitos melanocráticos contendo olivina e biotita são conhecidos como ankaratritos. Flogopita e melilita são constituintes comuns de nefelinitos, e os minerais acessórios incluem magnetita, apatita, perovskita e titanita. Leucitito é a variedade mais comum de foidito rico em K, na qual piroxênios ricos em Ca podem estar presentes.

As rochas do campo 16 correspondem às rochas vulcânicas ultramáficas (ultramafitos M > 90%). São raras, correspondendo às variedades komatiito e meimechito, definidas quimicamente. Embora alguns fluxos apresentem olivina com textura ordinária, especialmente em sua base, elas são mais bem conhecidas pela textura spinifex, definida pela presença de cristais laminados altamente alongados de olivina, algumas vezes com formas esqueletais que representam um crescimento muito rápido durante o resfriamento. Clinopiroxênios e espinélios de cromo podem estar entre os cristais alongados de olivina, e todos podem estar envolvidos por vidro.

Rochas especiais

As rochas ígneas, vulcânicas ou plutônicas, cuja mineralogia modal não está representada pelos vértices do diagrama QAPF, são consideradas "especiais" e suas classificações baseiam-se em outros parâmetros. Para exemplificar, alguns tipos dessas rochas especiais são apresentados a seguir. Para maior detalhamento, recomenda-se a leitura adicional de Le Maitre (2003).

Rochas piroclásticas

Rochas piroclásticas e seus depósitos formam-se diretamente a partir de uma fragmentação de magmas e de rochas por meio de atividades vulcânicas explosivas, que geram uma grande variedade de fragmentos piroclásticos identificados conforme a sua origem: essenciais ou juvenis, se derivados diretamente da erupção magmática e formados por partículas densas ou infladas de magma resfriado ou por cristais (fenocristais) separados do magma antes da erupção; cognatos ou acessórios, que representam fragmentos de rochas vulcânicas comagmáticas formadas em erupções anteriores e do mesmo vulcão; e acidentais ou litoclastos, quando derivados de rochas do embasamento subvulcânico, podendo ser de qualquer composição.

Por sua vez, esses fragmentos, que compõem as piroclásticas, são classificados com base nos seus tamanhos, sendo identificados como: 1) bombas – fragmentos com diâmetro médio superior a 64 mm e cujas formas ou superfícies indicam que eles estavam total ou parcialmente fundidos durante sua formação e transporte subsequente; 2) blocos – fragmentos com diâmetro médio superior a 64 mm e cujas formas angulares a subangulares evidenciam que eles eram sólidos durante sua formação; 3) *lapilli* – fragmentos de qualquer forma, com diâmetro médio entre 2 e 64 mm, podendo apresentar estrutura acrescionária; e 4) cinza – fragmentos com diâmetro inferior a 2 mm, qualificados como grosso, se maiores que 1/16 mm, ou fino (poeira), se menores que 1/16 mm de diâmetro médio.

Já os depósitos piroclásticos, formados por fluxo ou queda, são definidos como uma associação de piroclastos consolidados ou inconsolidados, sendo que os piroclastos devem totalizar mais que 75% em volume da rocha. Outros materiais, se presentes, podem ser de origem epiclástica, orgânica, sedimentar química ou autigênica. No caso dos depósitos constituídos por material inconsolidado (não litificado), e independentemente do tamanho dos fragmentos ejetados, eles são identificados como tefra.

Por outro lado, apenas quando os materiais piroclásticos se encontram consolidados as rochas são identificadas como piroclásticas, sendo adotada a seguinte terminologia: 1) aglomerado – se constituída por mais que 75% de bombas; 2) brecha piroclástica – se constituída por mais que 75% de blocos; 3) brecha de tufo – se contiver entre 75% e 25% de bombas e/ou blocos; 4) tufo de *lapilli* – se contiver menos que 25% de bombas e/ou blocos e entre 75% e 25% de *lapilli* e/ou cinza; 5) lapilito – se contiver mais que 75% de *lapilli*; 6) tufo – se contiver mais que 75% de cinza.

Nas descrições e considerando os qualificadores comuns, cinza e tufo, estes podem ser descritos como grosso ou fino, dependendo do tamanho do grão da cinza. Adicionalmente, podem ser qualificados como vítreos, cristalinos ou líticos, de acordo com as proporções de cinza constituída de vidro, cristais ou fragmentos de rocha. Qualquer outro qualificador pode ser adicionado, como tufo basáltico vítreo.

Aos casos descritos associam-se depósitos mistos, em parte piroclásticos, em parte epiclásticos. Nesses casos, o material piroclástico retrabalhado é chamado de epiclástico e pode se distanciar da arena ígnea, pois um tufo retrabalhado pode se tornar um arenito. Na prática, pode ser extremamente difícil traçar uma linha de distinção entre o que está retrabalhado e o que não está, ou ainda entre materiais epiclásticos que resultem desses processos ou não. Nomes dos depósitos piroclásticos, como informados anteriormente, são usados se os piroclastos são > 75%. Tufito é o termo geral se piroclastos estão entre 25% e 75%. Outros nomes são sedimentares, qualificados por tufáceo, por exemplo, conglomerado tufáceo, brecha, arenito etc. Nomes de rochas sedimentares são usados se piroclastos estão em proporção < 25%.

Carbonatitos

Entre os casos de rochas que fogem às regras gerais de classificação está o das carbonatíticas, pois o nome carbonatito aplica-se a rochas tanto plutônicas quanto vulcânicas que contenham mais que 50% de carbonatos em sua moda. De acordo com a natureza do carbonato dominante, é possível aplicar as seguintes distinções: 1) calcita carbonatito, quando a maior parte do carbonatito é calcita; 2) sövito, quando a rocha é de grão grosso; 3) alvikito, quando de grão fino; 4) dolomita carbonatito, quando a maior parte do carbonato é dolomita, também chamado de beforsito; 5) ferrocarbonatito, quando a maior parte do carbonato é rica em ferro; 6) natrocarbonatito, quando principalmente carbonatos de Na-K-Ca estão presentes, como em algumas lavas da Tanzânia. A presença de uma fase menor (< 10%) pode ser especificada como "com ankerita", por exemplo. Se os carbonatos estão entre 10% e 50%, a rocha é qualificada como carbonatítica (por exemplo, ijolito carbonatítico). Oticamente, pode ser difícil especificar o tipo de carbonato, especialmente se intercrescimentos de grão fino estão presentes; uma classificação química pode ser então usada. Entre os minerais não carbonatos, pirocloro (óxido rico em Nb), apatita rica em F, anfibólios cálcicos comuns e álcali-anfibólios, como riebeckita e arfvedsonita, são proeminentes. A presença de pirocloro confirma a natureza ígnea do carbonatito, permitindo distingui--lo do mármore. Outros minerais primários comuns incluem diopsídio, acmita e aegirina-augita, albita, biotita e flogopita, olivina, fluorita e vários minerais opacos, especialmente magnetita.

Kimberlitos

Ainda fazendo parte desse conjunto de rochas especiais, os kimberlitos são um grupo de rochas ultrabásicas potássicas ricas em voláteis, dominantemente CO_2, comumente exibindo uma textura inequigranular distintiva resultante da presença de macrocristais (termo geral para cristais grandes, tipicamente entre 0,5 mm e 10 mm de diâmetro) e, em alguns casos, megacristais (tipicamente maiores, entre 1 cm e 20 cm de diâmetro), mergulhados em uma matriz de grão fino. A associação macro/megacristais, em que no mínimo alguns dos quais são xenocrísti-

cos, inclui cristais anédricos de olivina magnesiana, ilmenita, piropo, diopsídio (por vezes subcálcico), flogopita, enstatita e cromita pobre em Ti. Macrocristais de olivina são uma característica e constituem a fase dominante em todos os kimberlitos fracionados. A matriz contém uma segunda geração de olivina euédrica a subédrica, a qual ocorre juntamente com um ou mais dos seguintes minerais primários: monticellita, flogopita, perovskita, espinélio (soluções sólidas de ulvoespinélio magnesiano, Mg-cromita, ulvoespinélio e magnetita), apatita, carbonato e serpentina. Muitos kimberlitos contêm micas poiquilíticas de estágios tardios, correspondendo a séries da flogopita rica em bário – kinoshitalita. Sulfetos niquelíferos e rutilo são acessórios comuns. A substituição dos minerais olivina, flogopita e monticellita formados precocemente por serpentina deutérica e calcita é comum. Membros evoluídos podem ser pobres ou desprovidos de macrocristais e compostos essencialmente por olivina de segunda geração, calcita, serpentina e magnetita, junto com quantidades menores de flogopita, apatita e perovskita.

É evidente que kimberlitos são rochas híbridas complexas e que o problema de distinção entre os constituintes primários e os xenocristais impede uma definição simples. A caracterização citada tenta esclarecer que a composição e a mineralogia de kimberlitos não são inteiramente derivadas de um magma parental, e os termos genéricos macro e megacristal são usados para descrever cristais de origem desconhecida. Macrocristais incluem cristais de olivina forsterítica, Cr-piropo, piropo-almandina, Cr-diopsídio e ilmenita magnesiana, os quais se acredita que tenham sido gerados pela desagregação de lherzolito, harzburgito, eclogito e xenólitos peridotíticos metassomatizados. A maior parte dos diamantes, que foram excluídos da mineralogia acima, pertence a essa suíte de minerais, mas são muito menos comuns. Os megacristais são dominados por ilmenita magnesiana, Ti-piropo, olivina, diopsídio e enstatita, que têm composições pobres em Cr (< Cr_2O_3%). A origem dos megacristais é ainda debatida (por exemplo, Mitchell, 1986), e alguns petrólogos acreditam que eles podem ser cognatos. Estritamente, xenocristais deveriam ser excluídos da definição petrológica, uma vez que não cristalizaram a partir do magma parental. Cristais menores, tanto do conjunto dos megacristais quanto dos macrocristais, podem ocorrer em tamanho menor, mas podem ser facilmente reconhecidos com base em suas composições.

3.3 As rochas ígneas e suas texturas

Para o levantamento de texturas de rochas ígneas, como destacado no Cap. 2, devem ser considerados elementos tais como seu grau de cristalinidade, o tamanho dos grãos, suas formas e eventuais orientações. Com base nesses elementos, são apresentados a seguir os principais tipos de texturas observadas em distintos grupos de rochas ígneas, divididas em dois grandes grupos: plutônicas e vulcânicas.

3.3.1 Texturas das rochas plutônicas

Textura das rochas graníticas

As rochas graníticas são holocristalinas, de grão médio a grosso, frequentemente apresentando textura granular hipidiomórfica típica, caracterizada pela forma subédrica do plagioclásio e minerais máficos. O quartzo tende a ser anédrico, preenchendo espaços entre feldspato subédrico. O feldspato alcalino, quando abundante, também ocorre na forma de cristais subédricos, mas, quando em menor quantidade, predomina sob a forma de grãos anédricos, associado ao quartzo intersticial (Fig. 3.8A). Mirmequita comumente acompanha feldspato potássico nos granitos subsolvus (Fig. 3.8B). Granitos hipersolvus de baixa pressão usualmente contêm intercrescimento granofírico (Fig. 3.8C) e são tipicamente mesopertíticos.

Alguns granitos e granodioritos são porfiríticos de grão grosso, com grandes fenocristais de ortoclásio ou microclina, ambos tipicamente pertíticos. Localmente, esses fenocristais podem ser muito abundantes, e a maioria deles é euédrica, comumente com geminação quadriculada, com frequência associada com a de Karlsbad, no caso da microclina. Comumente, podem conter numerosas inclusões de outros minerais, especialmente lamelas de biotita, não raro concentrados em arranjos espaçados dispostos paralelamente às margens dos cristais (Fig. 3.9).

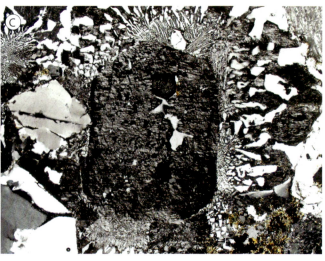

Fig. 3.8 *Texturas dos granitos. (A) Textura granular hipidiomórfica, caracterizada pela presença de minerais acessórios euédricos, não visualizados nesta fotomicrografia, pelo aspecto subédrico do plagioclásio e da biotita e anédrico da microclina e do quartzo; (B) textura mirmequítica, comumente observada em granitos e caracterizada pela presença de diminutos corpos de quartzo vermiculares ou em forma de dedo, englobados em plagioclásio sódico, como produto da substituição das partes marginais do feldspato potássico, especialmente no contato com plagioclásio, devido a reações tardimagmáticas ou pós-consolidação; (C) textura granofírica, caracterizada por intercrescimentos de quartzo com o feldspato alcalino, frequentemente a partir de um fenocristal preexistente, como no caso deste granito de Rondônia. O intercrescimento aparece como grãos de quartzo interconectados ramificando dentro de um cristal único de feldspato. Nesses intercrescimentos, o quartzo é comumente cuneiforme, lembrando inscrições antigas sobre um fundo de feldspato [nicóis cruzados – 25x]*

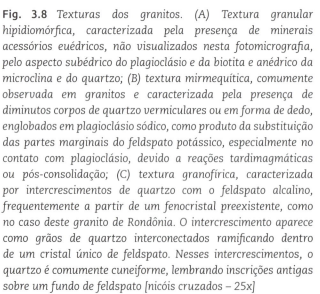

Fig. 3.9 *Granito com fenocristal. Presença de inclusões de plagioclásio dispostas paralelamente às margens do fenocristal de feldspato potássico hospedeiro em um granito [nicóis cruzados – 25x]*

Em alguns granitos, e em contraste com a ordem definida pela série de reações contínuas, os cristais de feldspato potássico se mostram envolvidos por cristais de plagioclásio, configurando uma textura especial denominada rapakivi (Fig. 3.10A). Uma outra textura, a orbicular (Fig. 3.10B), é igualmente rara e se encontra presente em alguns granitos, granodioritos, dioritos e até gabros. Nesse caso, são observadas estruturas concêntricas, simples ou múltiplas, definidas por uma alternância entre camadas esbranquiçadas (feldspatos) e escuras (anfibólio).

Ainda fazendo parte de arranjos especiais, podem ser mencionadas texturas caracterizadas pela presença de orientações de cristais em rochas plutônicas. São as chamadas texturas orientadas por fluxo magmático. Normalmente, as rochas das porções internas de corpos ácidos de grandes dimensões mostram pouca ou nenhuma orientação preferencial para os seus constituintes minerais, mas, em áreas próximas às suas bordas, minerais podem se mostrar com frequência orientados. Nesses casos, os minerais apresentam seus eixos maiores dispostos paralelamente em relação aos contatos indicando direções de fluxo preservadas pela cristalização mais rápida nas zonas de bordas.

Alguns granitos exibem textura aplítica, caracterizada pela granulação fina e aspecto essencialmente anédrico dos cristais constituintes (Fig. 3.11).

Fig. 3.11 *Textura aplítica. Biotita granito mostrando textura aplítica caracterizada pelo predomínio de grãos xenomorfos e de granulação fina [nicóis cruzados – 25x]*

No campo dos granitos, os charnockitos distinguem-se mais por conta de sua mineralogia de temperatura mais alta. Texturalmente, como os demais granitos, apresentam-se em geral como rochas granulares, sem orientação preferencial (Fig. 3.12). Os feldspatos são tipicamente pertíticos, o plagioclásio é com frequência antipertítico e a mesopertita é comum nas variedades portadoras de álcali-feldspato. Uma das principais características das rochas charnockíticas é a presença de feldspatos com áreas mostrando coloração esverdeada devido à presença, principalmente, de clorita secundária em suas clivagens e microfissuras. Outra característica dessas

Fig. 3.10 *Texturas especiais. (A) Textura rapakivi, na qual cristais de feldspato potássico são envolvidos por cristais de plagioclásio, como neste granito rapakivi da Finlândia; (B) detalhe de textura orbicular para diorito da região de Santa Lucia di Tallano, Córsega, em que se observa contato de parte da borda externa da estrutura orbicular, formada por cristais de plagioclásio, com a matriz diorítica da rocha [nicóis cruzados – 25x]*

 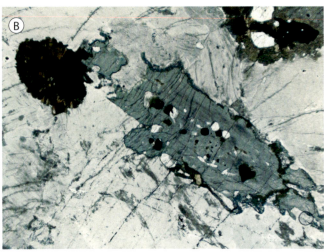

Fig. 3.12 *Texturas das rochas charnockíticas. (A) Textura granular xenomórfica em enderbito, evidenciada pelo caráter anédrico do plagioclásio, quartzo e ortopiroxênio constituintes, definindo um arranjo sem orientação preferencial [nicóis cruzados – 25x]; (B) cristal subédrico de ortopiroxênio, no centro da fotomicrografia, contendo inclusões de apatita euédrica e de cristais de minerais opacos. Essa tendência de minerais previamente formados, tais como acessórios e mesmo alguns máficos essenciais, ocorrerem associados e de se apresentarem como cristais euédricos, inclusos ou não, é comum às rochas graníticas, de modo geral [nicóis descruzados – 25x]*

rochas é o elevado número de microfissuras inter e intragranulares geradas por desconfinamento.

Textura dos álcali-feldspato sienitos, sienitos, monzonitos, monzodioritos e monzogabros

A maior parte dessas rochas tem textura granular hipidiomórfica, com minerais máficos euédricos a subédricos dispostos entre feldspatos subédricos (Fig. 3.13A). Frequentemente, cristais de feldspato potássico são poiquilíticos, por conta de inclusões de plagioclásio. Os feldspatos alcalinos são usualmente pertíticos. Piroxênios augíticos (Fig. 3.13B) podem restar como inclusões em hornblenda e biotita e ser substituídos por hornblenda secundária. Feldspatos e nefelina podem ser substituídos por micas e argilominerais. Alinhamentos preferenciais primários de feldspatos tabulares são comuns, especialmente paralelos aos contatos intrusivos (Fig. 3.13C).

Textura dos dioritos, gabros e anortositos

Os dioritos, muito comumente, apresentam textura granular hipidiomórfica, mas as texturas poiquilítica e porfirítica são também frequentes. Além dessas, observa-se frequentemente a segregação de minerais claros e escuros em bolsões irregulares ou camadas lenticulares, sugerindo uma origem típica dos complexos ígneos acamadados. Dioritos porfiríticos têm o mesmo conteúdo mineral dos dioritos. Contêm fenocristais de plagioclásio zonado, hornblenda e biotita (e, ocasionalmente, quartzo) em uma matriz anédrica-granular, quase desprovida de minerais máficos e contendo pouco feldspato potássico e quartzo em adição ao plagioclásio sódico dominante.

Nas rochas gabroicas, a textura granular hipidiomórfica é observada com frequência (Fig. 3.14A), mas elas são também caracterizadas pela textura ofítica, definida por ripas de plagioclásio, cujo comprimento médio não excede os diâmetros dos grãos de piroxênio, englobadas por este (Fig. 3.14B). Se o comprimento médio das ripas de plagioclásio excede o dos grãos de piroxênio e este último engloba apenas parcialmente o primeiro, a textura é subofítica (Fig. 3.14C). Os piroxênios podem exibir proeminentes lamelas de exsolução. A olivina, quando presente, pode aparecer envolvida por uma associação de minerais secundários (piroxênio, anfibólio fibroso, serpentina, clorita, biotita e opacos), configurando uma estrutura identificada como bordas quelifíticas, definidas pela presença de cristais apresentando sobrecrescimentos secundários concêntricos, frequentemente de aspecto fibrorradiado (Fig. 3.15). Sob temperaturas mais baixas, os processos de alteração comuns incluem serpentinização da olivina (a expansão resultante causa fraturamento do plagioclásio adjacente), uralitização e cloritização do piroxênio e saussuritização do plagioclásio.

Textura dos foidessienitos, foidegabros e foidedioritos

Apesar da enorme variedade de combinações mineralógicas possíveis nessas rochas, a textura delas mostra certa regularidade, com predomínio da textura granular hipidiomórfica, consistindo em uma mistura de grãos euédricos, subédricos e anédricos, reunidos em

Fig. 3.13 *Feições texturais de sienitos. (A) Textura granular hipidiomórfica em sienito, conferida à rocha pela disposição aleatória dos prismas feldspáticos. Como é comum à grande parte dos sienitos, o feldspato alcalino é pertítico; (B) aegirina-augita e biotita em íntima associação em sienito, destacando-se o aspecto subédrico desses minerais, bem como o grande tamanho e o caráter anédrico da titanita. A cor acastanhada do feldspato é devida a inúmeras inclusões de rutilo acicular e ilmenita lamelar; (C) detalhe do alinhamento preferencial, por fluxo magmático, dos cristais prismáticos de ortoclásio [nicóis cruzados – 25x]*

Fig. 3.14 *Texturas de rochas gabroicas. (A) Textura granular hipidiomórfica em norito, impressa à rocha pelo caráter subédrico do plagioclásio, do clino (azul, no alto à direita) e do ortopiroxênio (amarelo e laranja, à esquerda); (B) textura ofítica em rocha gabroica. No exemplo, as ripas de feldspato, cujo comprimento médio não excede o diâmetro dos grãos de piroxênio, parecem estar totalmente, ou quase, englobadas no piroxênio; (C) textura subofítica em gabro, na qual o tamanho superior das ripas de plagioclásio relativamente aos cristais de augita faz com que as primeiras sejam englobadas apenas parcialmente pelo piroxênio [nicóis cruzados – 25x]*

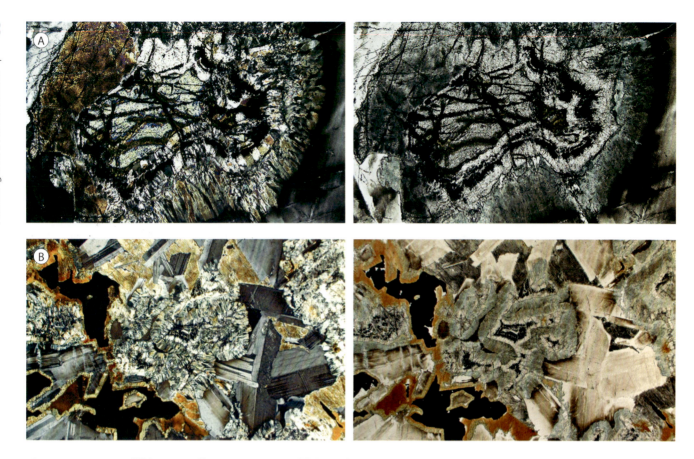

Fig. 3.15 *Textura quelifítica. Troctolito com textura quelifítica definida pela presença de cristais que apresentam sobrecrescimentos secundários concêntricos com olivina relicta (A) ou não (B) [nicóis cruzados e descruzados – 25x]*

um arranjo granular. Fenocristais euédricos tabulares ou prismáticos podem se mostrar com frequência alinhados e dispostos paralelamente a contatos intrusivos dessas rochas. Nos nefelina sienitos mais comuns, nefelina euédrica pode estar poiquiliticamente inclusa no álcali-feldspato, o qual é geralmente pertítico. Entre os minerais "foide", nefelina, sodalita (Fig. 3.16) e leucita são primárias e comumente euédricas; já cancrinita e analcima, como consequência de serem minerais tardimagmáticos ou secundários, substituindo feldspatos ou outros feldspatoides, tendem a ser anédricas. Leucita pode ser substituída por intercrescimentos complexos de nefelina, feldspato e analcima, denominados pseudoleucitas.

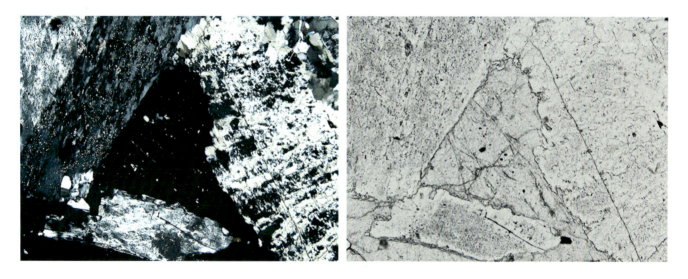

Fig. 3.16 *Textura dos foidessienitos. Sodalita sienito de textura granular, delineada pelo arranjo aleatório de grossos prismas de feldspato pertítico. A sodalita é vista em cristais maiores, como o que aparece à direita na fotomicrografia [nicóis cruzados e descruzados – 25x]*

Textura dos foidolitos

Em geral, a textura é do tipo granular hipidiomórfica, com mistura de grãos euédricos a anédricos de tamanho similar, o que caracteriza a maior parte dessas rochas. Leucita pode ser substituída por um complexo intercrescimento de nefelina, feldspato e analcima, formando as chamadas pseudoleucitas.

Textura das rochas plutônicas ultramáficas: dunitos, peridotitos, piroxenitos e hornblenditos

Texturalmente, essas rochas tendem a ser de grão grosso e caracterizadas por no mínimo algum desenvolvimento de faces cristalinas na olivina ou piroxênio. Em peridotitos e piroxenitos, inclusões de olivina podem estar presentes em cristais de piroxênio, configurando texturas dos tipos ortocumulada e poiquilítica. Algumas feições gerais incluem as lamelas de exsolução desenvolvidas no piroxênio e a propensão dessas rochas a alterar parcial ou completamente para serpentina (Fig. 3.17).

Os piroxenitos comumente exibem textura alotriomórfica, isto é, granular anédrica, definida por piroxênios anédricos ou ortopiroxênio subédrico e clinopiroxênio anédrico, segundo Williams, Turner e Gilbert (1982).

Texturas de carbonatitos

Os carbonatitos são rochas holocristalinas, usualmente de grão médio a grosso. Os cristais de calcita são sempre anédricos, e os de dolomita predominantemente também o são. Como nos mármores, a calcita comumente mostra proeminente geminação lamelar segundo {0112}. Apenas silicatos e alguns acessórios (notadamente pirocloro) tendem a ser euédricos e constituem elemento de distinção entre carbonatitos e mármores (Fig. 3.18).

Textura de kimberlitos

O contraste entre os xenocristais (ou megacristais) grandes, arredondados de olivina, e os (micro)fenocristais euédricos é distintivo para o kimberlito. Outros xenocristais e xenólitos de origem mantélica são comuns. A matriz é usualmente rica em carbonato, e a presença de serpentina e carbonato como produtos de

Fig. 3.17 Texturas de peridotitos e dunitos. (A) Textura granular em peridotito, caracterizada pela presença de olivina xenomórfica (amarelada na porção central da fotomicrografia), acompanhada de cristais subédricos de ortopiroxênio, caracterizado pelas cores acinzentadas e de clinopiroxênio azul (porção inferior). Na fotomicrografia, tomada sob nicóis descruzados, vê-se melhor a alteração diferencial da olivina para uma mistura de serpentina e clorita, formando uma rede pelas fraturas do mineral e causando fraturamento nos grãos vizinhos; (B) textura granular xenomórfica em dunito. A proeminente alteração da olivina para serpentina e clorita é visível, formando uma rede através das fraturas dos diferentes grãos [nicóis cruzados e descruzados – 25x]

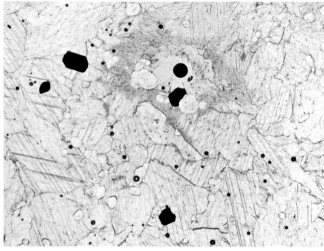

Fig. 3.18 *Textura de carbonatitos. Fotomicrografia do carbonatito de Jacupiranga, São Paulo, mostrando textura holocristalina, granular xenomórfica, caracterizada pela presença de calcita xenomórfica em quantidade superior a 95%, acompanhado de minerais opacos e apatita euédricos [nicóis cruzados e descruzados – 25x]*

alteração de silicatos é extremamente comum. Material carbonático primário é indicado por pequenos corpos diapíricos imiscíveis em alguns kimberlitos. A possível abundância de material xenolítico combinado com a natureza brechada de muitos depósitos kimberlíticos leva a uma petrografia extremamente variada.

Texturas de lamprófiros e de lamproítos

Fenocristais máficos euédricos são frequentemente mergulhados em uma matriz de zeólitas (analcima), feldspatos, feldspatoides ou carbonatos. A alteração hidrotermal dos fenocristais, especialmente olivina, é muito comum. A granada melanita, caracterizada por sua cor castanho-escura e por ser rica em Ti, se presente, é frequentemente zonada para bordas incolores ou verde-claras.

No caso dos lamproítos, minerais comumente encontrados na forma de fenocristais incluem flogopita (frequentemente reabsorvida), piroxênio, olivina e leucita. Flogopita também ocorre na matriz. Os anfibólios tendem a ser cristalizados tardiamente e estão restritos à matriz ou como revestimento de vesículas. Material xenolítico do manto é incomum, mas xenólitos ricos em olivina cognata, biotita e piroxênio são encontrados, e o piroxênio comumente forma xenocristais e é margeado por flogopita.

3.3.2 Texturas das rochas vulcânicas

Textura das rochas riolíticas e dacíticas

Dacitos e riolitos são tipicamente vítreos ou afaníticos, e a maioria deles é também porfirítica (Fig. 3.19), embora variedades afíricas (não porfiríticas) também sejam comuns. Os magmas altamente silicosos,

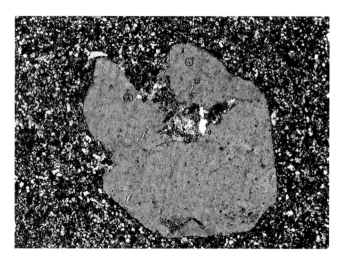

Fig. 3.19 *Riolito porfirítico. Textura porfirítica, com presença de fenocristal de quartzo, mostrando estrutura de corrosão, em matriz microcristalina felsítica, isto é, constituída por agregados microgranulares de pequenos cristais equigranulares de quartzo e feldspato em riolito de Ipojuca (PE) [nicóis cruzados – 25x]*

a partir dos quais essas rochas evoluem, são tão extremamente viscosos que a difusão iônica e o crescimento dos cristais são impedidos e texturas vítreas são muito comuns, ocorrendo com maior frequência que nos vulcanitos menos silicosos.

Quando o resfriamento desses magmas dacíticos e riolíticos é muito rápido, isso pode resultar em rochas constituídas total ou quase totalmente por vidro. Nesses casos, as texturas são denominadas vítreas e as rochas são obsidianas (Fig. 3.20A), ou pomes, se forem altamente vesiculadas. Outra textura que pode ser observada em vulcânicas ácidas vítreas é a esferulítica (Fig. 3.20B), caracterizada pela presença de formas esféricas até elipsoidais, denominadas

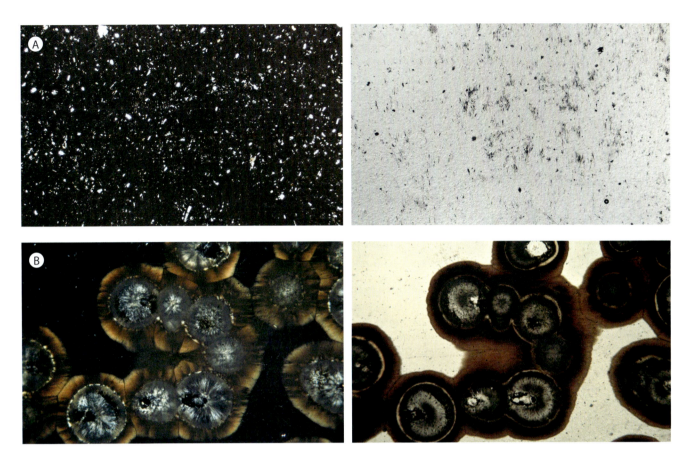

Fig. 3.20 Texturas em rochas vulcânicas vítreas. (A) Obsidiana da Capadócia, Turquia, contendo esparsos micrólitos, não identificáveis ao microscópio; (B) textura esferulítica em vidro vulcânico definida pela presença de microcristalitos aciculares, fibrorradiados ou dendríticos em obsidiana da ilha de Lipari, Itália [nicóis cruzados e descruzados – 25x]

esferulitos, presentes em meio a uma matriz vítrea e indicando processo de devitrificação em condições de temperatura alta. Os esferulitos são formados por agregados fibrorradiados de cristais, muitas vezes de quartzo e K-feldspato intercrescidos.

Ainda no campo das rochas com vidro, sabe-se que este pode absorver água, tornando-se hidratado. Nesse caso, a rocha passa a se chamar vitrófiro (*pitchstone*) e, em amostra de mãos, apresenta brilho resinoso. Com alguma frequência, observa-se que o vidro também pode apresentar fraturamento esferoidal, dando origem a uma textura denominada perlítica, que consiste na presença de numerosas fraturas curvas, aproximadamente concêntricas, ao redor de centros intimamente espaçados. Como o vidro é metaestável, tende a devitrificar à medida que resfria, atravessando um grande intervalo de temperaturas, passando a um agregado cripto a microcristalino de feldspato e tridimita ou cristobalita. Associadas, podem ocorrer vesículas tipicamente preenchidas com sílica de grão fino ou celadonito.

Riolitos e dacitos, quando cristalizados a temperaturas próximas da do *liquidus*, tendem a ser menos viscosos e a se cristalizar, produzindo cristais de sanidina orientados em matriz vítrea, constituindo uma textura hialopilítica, ou podem formar agregados microgranulares de pequenos cristais de quartzo e feldspato entrelaçados de tamanhos comparáveis, levando à textura felsítica ou microfelsítica. Nessas e em outras rochas vulcânicas, os fenocristais representam cristalização pré-eruptiva. Por conta disso, fenocristais, por exemplo, de quartzo podem apresentar bordas ou bainhas (Fig. 3.21A), e isso pode atestar crescimento em desequilíbrio ou um efeito de solução devido à diminuição da pressão à medida que o magma ascende à superfície. Acamamento de fluxo pode estar presente (Fig. 3.21B).

A textura felsítica caracteriza-se por desenvolvimento em condições de alto grau de sub-resfriamento e com combinação de graus de difusão e de crescimento muito lentos. Ela pode se desenvolver em seguida à formação de esferulitos, produtos também típicos na cristalização de riolitos e que, ao contrário, se caracterizam por graus de sub-resfriamento menores. Em um caso especial, de esferulitos, quando cristais poiquilíticos de quartzo contêm inclusões de feldspatos, a textura recebe o nome de flocos de neve (*snowflake*), ou mosaico poiquilítico.

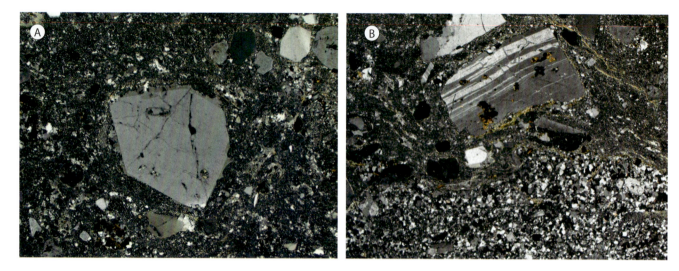

Fig. 3.21 *Feições texturais em rochas riolíticas. (A) Fenocristal de quartzo euédrico, envolvido por uma delgada borda também de quartzo em rocha riolítica de textura porfirítica e matriz microcristalina; (B) estratificação por fluxo magmático em rocha riolítica e adequação do fluxo aos fenocristais, que representam um estágio de cristalização anterior à matriz [nicóis cruzados – 25x]*

Texturas de traquitos, latitos, andesitos e basaltos

Essas rochas são dominadas por feldspatos, exceto para as variedades picríticas mais ultramáficas. As texturas são, portanto, dominadas pelo modo pelo qual os cristais inequidimensionais de feldspatos estão arranjados.

Nos traquitos, a textura é geralmente traquítica ou pilotaxítica, caracterizada pela presença de fenocristais euédricos de feldspato alcalino, normalmente sanidina, orientados e mergulhados em uma matriz finamente cristalina, composta por delgados micrólitos de feldspato com orientação de fluxo subparalela (Fig. 3.22). Rochas que apresentam uma textura traquítica marcada em seções paralelas à direção de fluxo podem mostrar uma aparente textura casual perpendicularmente ao fluxo.

Os latitos, comumente porfiríticos, caracterizam-se pela presença de fenocristais de plagioclásio (andesina ou oligoclásio) em uma matriz de grão fino, constituída de feldspato alcalino e augita, podendo conter algum vidro intersticial.

Texturalmente, os andesitos são rochas predominantemente porfiríticas, contendo fenocristais tanto de plagioclásio quanto de minerais máficos, como elementos típicos de texturas pilotaxítica ou traquítica, em que cristais de feldspato são dispostos de modo orientado como resultado de fluxo magmático e seus interstícios são ocupados por material micro ou criptocristalino (Fig. 3.23).

Os basaltos são, geralmente, rochas de grão fino, quase sempre holocristalinas e com texturas influenciadas pelo sub-resfriamento progressivo. O arranjo no qual piroxênios e minerais opacos estão dispostos entre as ripas de feldspatos dominantes é chamado de textura intergranular, a qual é particularmente característica dos basaltos (Fig. 3.24A). Em alguns casos,

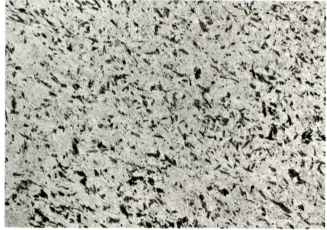

Fig. 3.22 *Textura de traquitos. Textura traquítica, caracterizada pela presença de delgados micrólitos de feldspato com orientação de fluxo subparalela [nicóis cruzados e descruzados – 25x]*

Fig. 3.23 *Textura de andesitos. Andesito porfirítico, contendo micro até fenocristais de plagioclásio, olivina e augita, com predominância dos primeiros. Na matriz, reconhecem-se, principalmente, plagiclásio e minerais opacos, além de material criptocristalino. A disposição de cristais feldspáticos segundo uma determinada direção e por fluxo magmático caracteriza a textura pilotaxítica [nicóis cruzados e descruzados – 25x]*

uma pequena quantidade de vidro intersticial impõe textura intersertal à matriz. Quando se encontra vidro na matriz, ocupando diminutos espaços entre cristais de feldspato orientados, a textura, em vez de pilotaxítica, é hialopilítica. Texturas porfiríticas são também muito frequentes nos basaltos, e, em alguns casos, esses cristais constituem agregados identificados como glomeroporfiríticos. Essas estruturas identificam uma textura de mesmo nome (Fig. 3.24B). Quando a olivina está presente, ela ocorre quase invariavelmente na forma de fenocristais (Fig. 3.24C); os fenocristais de augita também são comuns, e muitas rochas contêm microfenocristais de plagioclásio. Basaltos podem ainda apresentar texturas ofítica, subofítica e variolítica (Fig. 3.24D). Sob condições de alto sub-resfriamento, texturas *quench*, podem se formar e são representadas por formas esqueletais, dentríticas e do tipo rabo de andorinha (*swallow tail*). Em situações extremas, o vidro é o produto para texturas desse tipo.

Entre os minerais máficos, olivina é o mais comumente alterado, tipicamente para iddingsita e/ou bowlingita no ambiente magmático primário (ou possivelmente alteração tardia), e para serpentina. Olivina, hornblenda e biotita frequentemente mostram evidência de reação com magma: biotita e hornblenda podem ser revestidas ou preenchidas com produtos de reação, frequentemente opacos, e a reação pode produzir bordas corroídas.

Texturas de fonolitos, tefritos, basanitos e foiditos

Os fonolitos são rochas tipicamente porfiríticas com fenocristais, predominantemente de sanidina, às vezes, acompanhados pelos de feldspatoides sódicos mergulhados em matriz microcristalina traquítica, por sua vez dominada por ripas de feldspato alcalino mostrando alguma orientação por fluxo (Fig. 3.25A). À medida que o conteúdo de feldspatoides aumenta, a textura muda por perda da orientação preferencial, em função da ausência de grãos minerais altamente inequidimensionais, responsáveis por esse efeito, o que pode explicar o aspecto maciço de fonolitos típicos e os sons emitidos quando estes são percutidos. Nos basanitos e tefritos (Fig. 3.25B), olivina e piroxênio comumente formam fenocristais, mas o único fenocristal máfico em fonolitos é aegirina-augita. Alteração deutérica de nefelina para analcima ou outras zeólitas ou para minerais pulverulentos de argila é comum e tende a dissimular a verdadeira identidade do feldspatoide primário. Para os foiditos, as texturas são marcadas pela presença de minerais máficos, usualmente como fenocristais. Nefelina e leucita ocorrem tanto como fenocristais quanto como fazendo parte da matriz. Feldspatoides primários e melilita (Fig. 3.25C), se presentes, podem ser alterados para cancrinita, zeólitas e carbonatos.

Texturas de ultramafititos

Rochas vulcânicas ultramáficas são raras. Representadas por komatiitos e meimechitos, têm na textura spinifex sua principal característica, a qual consiste de cristais laminados altamente alongados de olivina, algumas vezes com formas esqueletais e dentríticas, que representam um crescimento muito rápido durante o resfriamento (Fig. 3.26). Clinopiroxênios

Fig. 3.24 Texturas de basaltos. (A) Basalto de grão muito fino apresentando textura intergranular afírica, isto é, isenta de fenocristais; (B) basalto glomeroporfirítico, caracterizado pela presença de agregados de fenocristais de augita e plagioclásio, contidos em matriz constituída principalmente por vidro, que envolve completamente micrólitos de plagioclásio; (C) olivina basalto porfirítico contendo fenocristais de olivina. A matriz apresenta textura intersertal, na qual se reconhecem micrólitos de plagioclásio e augita e menor quantidade de opacos granulares, envolvidos por material vítreo de cor castanha. Os fenocristais de olivina apresentam-se em vias de alteração para serpentina e clorita, que aparecem envolvendo-os pseudomorficamente; (D) basalto pillow de sequência ofiolítica da região de Balagne, Córsega, com textura variolítica [nicóis cruzados e descruzados – 25x]

Fig. 3.25 *Texturas de fonolito, tefrito e foidito. (A) Nefelina fonolito porfirítico de Fernando de Noronha, contendo fenocristais de sanidina (à esquerda) e noseana (à direita), imersos em matriz microcristalina de textura traquítica dominada por ripas de feldspato alcalino mostrando orientação por fluxo; (B) leucita tefrito da província de Viterbo, Itália, microporfirítico com microfenocristais de leucita em matriz caracterizada pela disposição aleatória das ripas de feldspato; (C) olivina-melilita melanefelinito contendo fenocristais de olivina e microfenocristais de melilita em meio a matriz com nefelina e clinopiroxênio. A cor amarelada para a melilita (humboldtilith) é indicativa para conteúdo em Fe. Derrame na Ponta do Capim-Açú, em Fernando de Noronha [nicóis cruzados e descruzados – 25x]*

e espinélios de cromo podem estar entre os cristais alongados de olivina, e todos podem estar envolvidos por vidro.

Texturas de rochas piroclásticas

Resultantes de atividade vulcânica explosiva, seguida de deposição por queda ou por fluxo, em ambiente aéreo ou aquático, as rochas piroclásticas podem mostrar alguma seleção ou mesmo nenhuma. Segundo Fisher e Schmincke (1984), as texturas para essas rochas são determinadas por esses mecanismos de deposição, sofrendo influências posteriores em função de achatamentos e compactações de fragmentos na fase de soldagem, seja de fluxo piroclástico ou em depósitos por precipitação. Outras feições podem ser impressas sobre as primárias, mas por conta da cristalização diagenética, por exemplo.

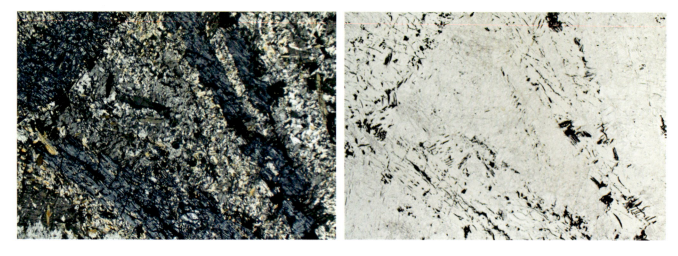

Fig. 3.26 *Textura de ultramafititos. Ultramafitito, apresentando textura spinifex, caracterizada pelo desenvolvimento de cristais alongados de olivina. No exemplo mostrado, a olivina foi substituída por serpentina e corresponde às porções cinza-azuladas de hábito fibroso, na fotomicrografia sob nicóis cruzados [nicóis cruzados e descruzados – 25x]*

Para Shelley (1993, p. 200), fragmentos vítreos presentes nos depósitos piroclásticos, se ejetados e acumulados rapidamente e em volume suficiente, podem reter calor adequado para serem achatados (deformação plástica) e soldados por acumulação de material no topo e, como resultado, pode-se ter uma rocha acamadada e com textura eutaxítica. Em havendo algum declive, esse depósito pode se movimentar e são desenvolvidas feições de fluxo, consideradas reomórficas.

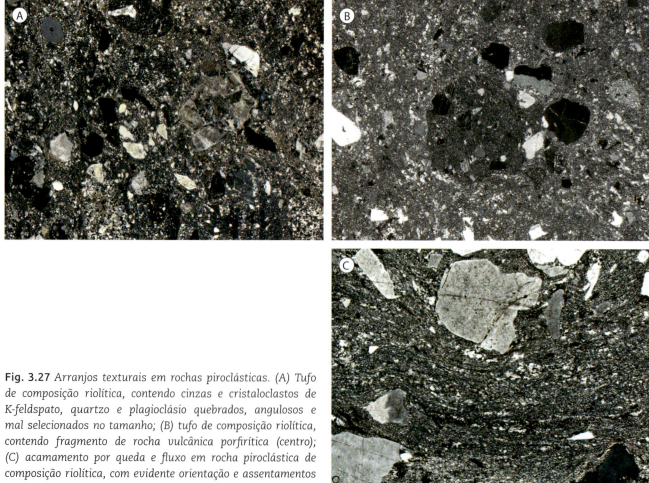

Fig. 3.27 *Arranjos texturais em rochas piroclásticas. (A) Tufo de composição riolítica, contendo cinzas e cristaloclastos de K-feldspato, quartzo e plagioclásio quebrados, angulosos e mal selecionados no tamanho; (B) tufo de composição riolítica, contendo fragmento de rocha vulcânica porfirítica (centro); (C) acamamento por queda e fluxo em rocha piroclástica de composição riolítica, com evidente orientação e assentamentos entre cristais e partes vítreas [nicóis cruzados – 25x]*

Assim, as texturas associadas a esses depósitos podem apresentar grande diversidade de arranjos e formas, como os mostrados na Fig. 3.27, que traz fotomicrografias de tufos de composição riolítica, ignimbríticos e apresentando cristaloclastos e outros fragmentos, angulosos ou não, e pobremente selecionados em matriz felsítica e contendo vidro.

Observa-se um arranjo que é denominado textura eutaxítica. Definida pela presença de estruturas planares com presença de fragmentos de diferentes tipos e tamanhos, ela contempla fragmentos de vidro achatados (*fiammes*), que podem se mostrar muito bem soldados e inseridos em matriz fina que também contém vidro (Fig. 3.28A). Um outro arranjo está relacionado com a rotação de fragmentos, sendo esta diagnóstica para a atuação não só de processos de soldagem, mas também de cisalhamento sin- a pós-deposicionais, o que também significa a atuação de processos reomórficos. Nesses casos, a textura é denominada parataxítica e se caracteriza pela presença de suaves dobramentos, por exemplo, de *fiammes* nos contatos com os fragmentos de cristais (Fig. 3.28B).

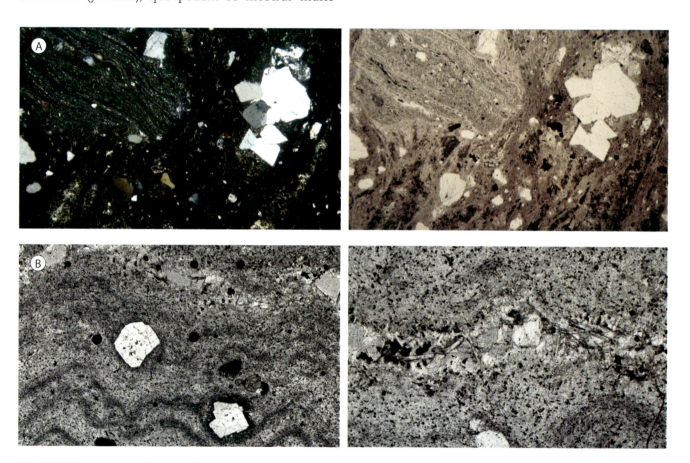

Fig. 3.28 *Texturas em tufos piroclásticos. (A) Ignimbrito do Engenho Saco (PE) apresentando elementos característicos para as texturas eutaxítica ou ignimbrítica e parataxítica [nicóis cruzados e descruzados – 25x]; (B) tufo soldado de composição riolítica da ilha de Vulcano com texturas eutaxítica, definida pela presença de laminação plano-paralela bem desenvolvida, e parataxítica, definida por deformação dessa matriz nas áreas próximas aos cristaloclastos, certamente desenvolvida por processo de cisalhamento sobre estes em consequência de movimentos por fluxo (reomorfismo). Na parte superior da fotomicrografia, à esquerda, se observa a presença de porções lenticulares com textura axiolítica, apresentada em detalhe, à direita, e definida por desenvolvimento de micrólitos por devitrificação [nicóis descruzados – 25x e 50x, respectivamente]*

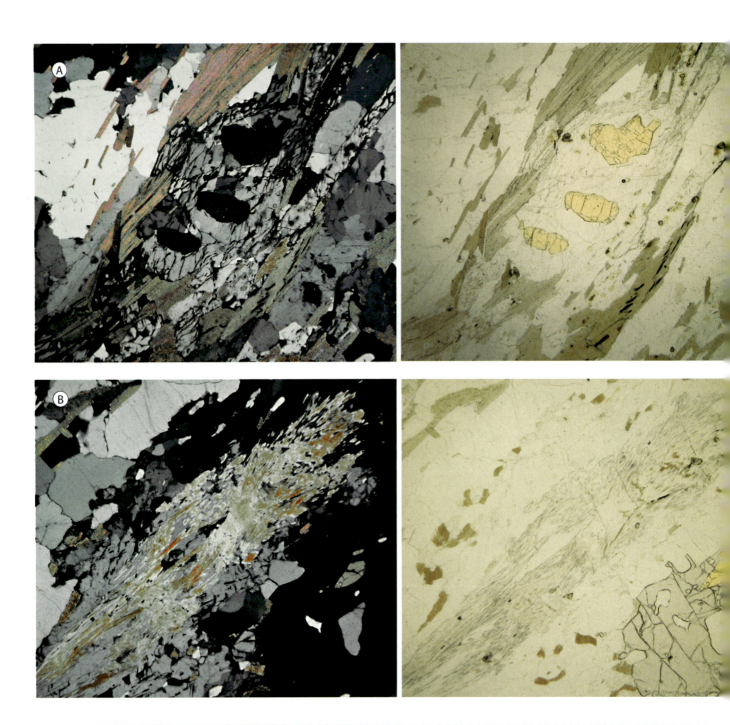

Fotomicrografias de cordierita-granada xisto. (A) Com inclusões de estaurolita e zircão, com formação de halos no entorno destas últimas, em cristal de cordierita; (B) com inclusões de sillimanita em cristal de cordierita e de estaurolita em granada – Minas Gerais [nicóis cruzados e descruzados – 25x]

4 PETROGRAFIA MICROSCÓPICA DE ROCHAS METAMÓRFICAS

4.1 Dando nomes às rochas metamórficas

Entre as várias formas empregadas para a denominação das rochas metamórficas, merecem destaque aquelas que levam em conta:

1. *Presença ou ausência de estruturas planares.* Do primeiro grupo, fazem parte, por exemplo, filitos e xistos, que são rochas metamórficas com forte orientação de minerais lamelares ou micáceos (textura lepidoblástica), em consequência da atuação de componentes deformacionais aplicados a essas e outras rochas. Do segundo grupo, fazem parte quartzitos, mármores, rochas calcissilicáticas e outras denominadas *granofels*. Maciças e constituídas essencialmente por minerais prismáticos (textura granoblástica) dispostos sem nenhuma orientação preferencial, pode-se afirmar que nessas rochas a (re)cristalização ocorreu na ausência de deformação ou esta foi muito incipiente.

2. *Composição mineralógica da rocha.* Identificados e quantificados os respectivos conteúdos dos minerais que compõem a rocha, os nomes dos que apresentam conteúdos acima de 5% devem aparecer em sua identificação segundo uma sequência progressiva em termos desses conteúdos. Exemplo: granada-biotita-quartzo xisto. Mineral com baixo conteúdo, mas diagnóstico, pode ter seu nome acrescentado ao nome da rocha.

3. *Composição química da rocha.* Nesse caso, a rocha pode ser identificada em função da composição química dos seus constituintes mineralógicos, como: peraluminosa, carbonática ou calcária, básica ou metabásica, ultrabásica ou metaultrabásica ou, ainda, como rica em Fe ou Mn.

4. *Subdivisões em termos do grau metamórfico ou dos intervalos de temperatura e pressão para um dado evento metamórfico.* Considerando a divisão em termos de grau segundo Winkler (1974), as rochas metamórficas podem ser ditas de baixo, médio ou alto grau. No metamorfismo, as subdivisões envolvendo intervalos de temperatura e de pressão, que caracterizam as chamadas fácies metamórficas, recebem nomes de minerais ou de rochas, como nos casos das fácies prehnita-pumpellyita e xisto azul. Assim, os xistos azuis, os xistos verdes, os anfibolitos e os granulitos são rochas que pertencem a essas respectivas fácies, emprestando-lhes os seus respectivos nomes. No entanto, embora assim denominadas, cada uma dessas subdivisões comporta várias outras rochas, para além daquela que lhe conferiu o nome, como no caso da fácies granulito, em que nem todas as rochas são granulitos (*sensu stricto*), mas, se formadas sob essas condições, receberão a denominação geral de rochas granulíticas. Assim, seguem algumas das denominações mais frequentes para a identificação de determinados conjuntos de rochas metamórficas:

- *Xisto azul:* correspondendo à denominação de uma das fácies do metamorfismo do tipo bárico, identificado por valores médios até altos para a pressão, é utilizada para identificar, entre as

rochas dessa fácies, rochas metabásicas foliadas, nas quais o anfibólio cálcico foi substituído pelo anfibólio sódico, denominado glaucofana (Fig. 4.1).
- *Xisto verde*: correspondendo à denominação de uma fácies do metamorfismo regional de baixo grau, é utilizada para identificar, dentre as rochas dessa fácies, rochas metabásicas, foliadas e normalmente constituídas por clorita e actinolita (Fig. 4.2).
- *Anfibolito*: correspondendo à denominação de uma fácies do metamorfismo de grau médio, dos tipos báricos de pressão média e baixa (Miyashiro, 1973, p. 73), é utilizada para identificar, dentre as rochas dessa fácies, rochas metabásicas ou anfibolitos, ortoderivados ou aqueles resultantes do metamorfismo de calcários impuros, ou de margas, compostas por argilominerais e por material carbonático (Fig. 4.3). Nesses casos, os anfibolitos são considerados para-anfibolitos.

Fig. 4.1 *Xistos azuis. Entre as rochas formadas sob condições da fácies xisto azul, recebem o nome de xisto azul aquelas caracterizadas pela presença do anfibólio glaucofana, que lhes confere a cor azulada. Essas rochas contêm outros minerais, tais como a granada, epidotos, a paragonita e o quartzo. Na transição para outras fácies, xisto verde ou eclogito, podem ser formados minerais, como a clorita, a actinolita, a albita, a onfacita e a granada. Os exemplos aqui apresentados são provenientes de diferentes regiões e contêm associações minerais indicativas dessas transições e com conteúdos bem diferenciados: (A) ilha de Groix, costa atlântica da França; (B) North Qilian Mountains, China; (C) Antártida*

Fig. 4.1 *(cont.) (D) Zermatt, Suíça. De modo geral, todos apresentam textura nematoblástica, devido à pronunciada orientação dos cristais prismáticos de glaucofana [nicóis cruzados e descruzados – 25x]*

Fig. 4.2 *Xistos verdes. Fotomicrografias de xistos verdes diversos, nos quais minerais como a clorita, a muscovita, a serpentina ou a actinolita, em quantidades variáveis, são os minerais diagnósticos. (A) Zeólita-quartzo-clorita xisto da região de Diamantina (MG), com presença de estruturas amigdaloidais ainda preservadas; (B) muscovita-actinolita-quartzo-clorita xisto da região de Caeté (MG); (C) actinolita-clorita-quartzo xisto da região de Caeté (MG)*

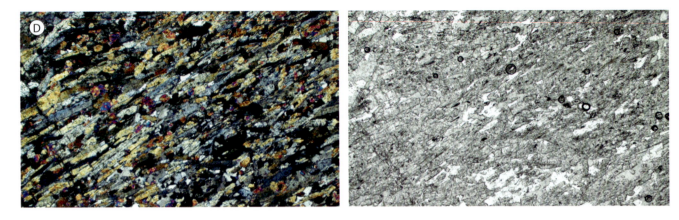

Fig. 4.2 *(cont.) (D) Quartzo-clorita-epidoto xisto da região de São Tomé das Letras (MG) [nicóis cruzados e descruzados – 25x]*

Independentemente da origem, identificada por meio de análises químicas, são constituídos essencialmente por cristais de hornblenda e de plagioclásio, assim como podem conter quantidades variáveis de quartzo e de outros minerais com composição compatível.

- *Granulito*: correspondendo à denominação dada à fácies do metamorfismo de alto grau, dos tipos báricos de pressão média e baixa, é utilizada para identificar, além dos granulitos peraluminosos (granulito *sensu stricto*) ou ácidos, os tipos com composição variando entre a básica e a ultrabásica, todos de granulação fina até média e textura granoblástica (Fig. 4.4). Enquanto nos primeiros são frequentes os cristais de cordierita, sillimanita/cianita e granada, em presença de quartzo e com conteúdos variados em feldspatos, como no granulito e no plagiogranulito, nos demais ocorrem, com variadas proporções, cristais de orto e clinopiroxênios, granada, anfibólio ou plagioclásio, com ou sem nenhum quartzo, como no caso de piriclasitos, piribolitos, piroxênio granofels etc. Todos os tipos citados podem apresentar estruturação gnáissica.

- *Eclogito*: empregado para identificar uma fácies do metamorfismo, no tipo bárico de alta pressão,

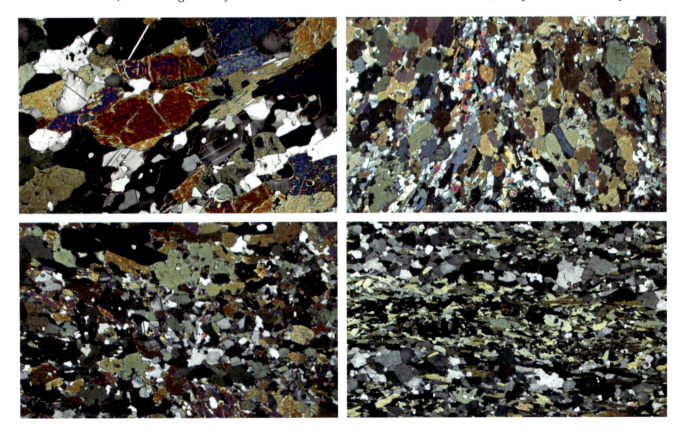

Fig. 4.3 *Anfibolitos. Fotomicrografias de anfibolitos, nos quais se destacam cristais orientados de hornblenda, associados a diferentes conteúdos de cristais de plagioclásio, epidoto e de quartzo [nicóis cruzados – 25x]*

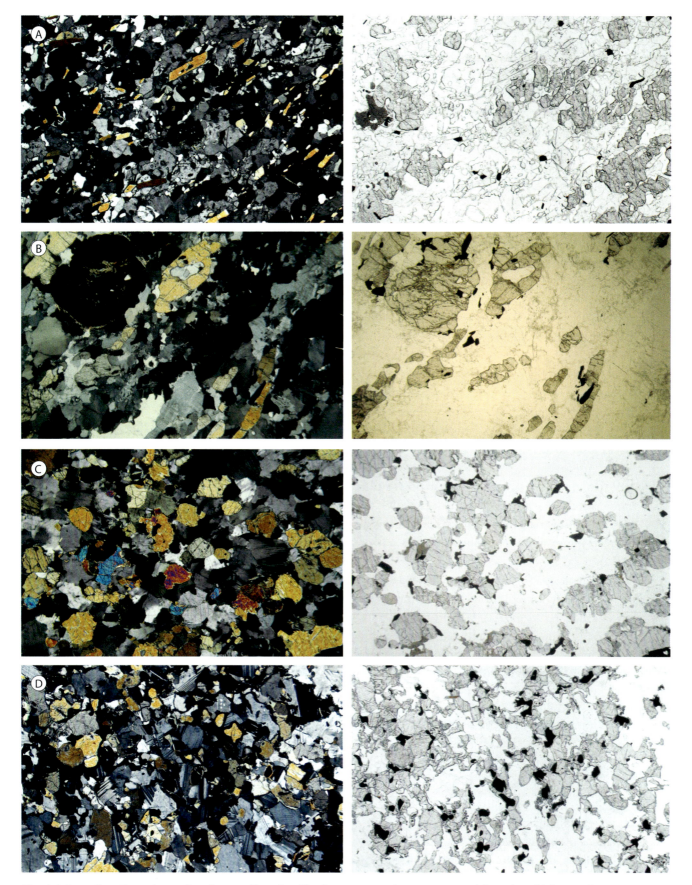

Fig. 4.4 *Granulitos. Fotomicrografias de granulitos classificados por conta das suas composições mineralógicas. Acima, encontram--se os tipos considerados ácidos, por conta dos conteúdos em feldspatos e quartzo, e os peraluminosos, por conta da sillimanita e da cordierita (A) e da cianita (B). Abaixo, estão aqueles denominados básicos, por conta da presença dos piroxênios e plagioclásio (C, D) [nicóis cruzados e descruzados – 25x]*

mas sob condições de temperatura variando de moderada até alta e envolvendo transformação de crosta oceânica subductada, o termo também identifica rochas contendo, entre outros, piroxênio onfacita, granada piropo, rutilo, cianita, quartzo e anfibólio, que pode ser a glaucofana (Fig. 4.5). Plagioclásio nunca está presente. Podem ocorrer associados com xistos azuis, como lentes, ou com azuis e verdes (prasinitos) como resultado de alterações por exumação.

5. *Sequência de arranjos texturais relacionados com o aumento do grau metamórfico.* Nesses casos, sedimentos ricos em argilas, por exemplo, e considerando a deformação e o metamorfismo, podem dar origem a uma sequência de rochas (Fig. 2.4), que individualmente recebem as seguintes denominações:

- *Ardósia*: caracterizada pela presença de uma clivagem bem desenvolvida, cujos planos são definidos pela disposição de cristais de filossilicatos de granulação muito fina (palhetas de mica) segundo uma determinada direção. As ardósias fazem parte do conjunto de rochas metamórficas de mais baixo grau.
- *Filito*: apresenta feições semelhantes às das ardósias, quanto à presença de estruturas planares, ainda que não tão bem desenvolvidas, pois nos filitos os grãos já possuem uma granulação maior do que aquela verificada para o conjunto das ardósias.
- *Xisto*: caracterizado pela presença de estrutura planar, denominada xistosidade, que pode ser definida tanto por cristais de filossilicatos quanto por minerais prismáticos, bastando que a deformação seja suficientemente intensa para a disposição preferencial de cristais não planares. Quanto à granulação, esta já é, nesse tipo, suficientemente grossa para observação à vista desarmada.
- *Gnaisse*: trata-se de uma rocha de granulação mais desenvolvida, quando comparada com as anteriores, com estruturação planar definida pela presença de bandamento e de foliação ou xistosidade. O bandamento, que se caracteriza pela alternância de bandas, ricas ora em filossilicatos ou em outros minerais máficos, ora em minerais prismáticos, como o quartzo e os feldspatos, tanto pode ser de processos de segregação quanto pode refletir variações composicionais presentes na rocha sedimentar de origem. Nas bandas ricas em filossilicatos ou em outros máficos prismáticos, a deformação será responsável pelo desenvolvimento da xistosidade. Nesta obra, os gnaisses correspondem a rochas metamórficas de grau médio até alto.

6. *Condições especiais de formação.* Nos casos aqui considerados especiais, as rochas serão identificadas como:

- *Hornfelsito*: corresponde ao produto do metamorfismo essencialmente térmico e concentra-se em áreas próximas a intrusões ígneas. Sua textura não apresenta nenhuma orientação para seus constituintes mineralógicos e, devido ao alto grau de ajustamento de seus grãos, é muito resistente.
- *Migmatito*: corresponde a um tipo de rocha que apresenta, em parte, evidências do metamorfismo de médio até alto grau (textura metamórfica), com presença de partes resultantes da cristalização de líquidos gerados por processo de fusão parcial (textura ígnea).

4.2 As rochas metamórficas e suas texturas

4.2.1 As texturas e o tipo de metamorfismo

As texturas das rochas metamórficas variam conforme o tipo e as condições do metamorfismo.

1. *As texturas do metamorfismo térmico de contato.* As texturas das rochas típicas do metamorfismo térmico de contato, os chamados hornfelsitos, são granoblásticas e caracterizam-se por não apresentar nenhuma orientação para seus constituintes mineralógicos. A granulação dessas rochas é normalmente fina, e estas, por conta do alto grau de ajustamento de seus grãos, apresentam grandes resistências e se partem com dificuldade.

2. *As texturas do metamorfismo regional.* As rochas metamórficas regionais, ao contrário das rochas geradas no metamorfismo térmico de contato, destacam-se por apresentar, com mais frequência, estruturações planares e lineares, em relação àquelas desprovidas de qualquer orientação para seus minerais constituintes. Por conta disso, apresentam alguma facilidade para se partirem segundo planos mais ou menos bem definidos (Fig. 2.5).

3. *As texturas do metamorfismo dinâmico.* Neste item são tratadas texturas que resultam da atuação quase que exclusiva de processos físicos e em condições muito especiais de temperatura. As rochas aqui descritas como produtos desse tipo especial de metamorfismo são aquelas geradas por conta

Fig. 4.5 Eclogitos. Nos quatro conjuntos de fotomicrografias se observa a presença constante de piroxênio onfacita e granada piropo, mas com diferentes estruturas, texturas e conteúdos em minerais como rutilo, epidotos e glaucofana. (A) Eclogito da região de Sainbach Pockau, Erzgebirge, Saxônia; (B) e (C) eclogitos da região do lago Mucrone, Alpes do Oeste, sendo o primeiro fino e bandado e o segundo de granulação grossa; (D) eclogito da Formação Francisca, Califórnia, Estados Unidos [nicóis cruzados e descruzados – 25x]

de deformações ocorridas em curtos intervalos de tempo e sob condições variáveis de temperatura, normalmente baixa, sempre com alguma disponibilidade de água. Nessas rochas, as texturas originais, ígneas ou metamórficas, foram substituídas por conta do cisalhamento em zonas de falha com possibilidade de variação da deformação (strain) dentro da zona de cisalhamento. Nesse grupo encontram-se, essencialmente, as rochas geradas por catáclase e milonitização.

De fato, e segundo definição proposta por Alan Spry (1979), mostra-se mais adequado aplicar esse termo (metamorfismo dinâmico) ao conjunto de processos envolvendo, por exemplo, brechiação e milonitização, esta última com recristalização, e que são responsáveis pela produção de brechas, milonitos e filonitos. Com exceção das primeiras, cuja característica textural é mais para a quebra, as demais se apresentam bem foliadas, com menor ou maior redução do tamanho dos grãos da rocha original. De modo geral, um milonito tem textura com presença de uma matriz constituída por cristais finos, recristalizados sintectonicamente e envolvendo restos de grandes cristais de minerais resistentes preexistentes, como quartzo e feldspatos, fraturados ou estirados. A esses cristais dá-se o nome de porfiroclastos, que, quando dominantes na rocha, conferem-lhe o nome de protomilonitos. Quando se encontram em conteúdo inferior a 10%, são denominados ultramilonitos. Em situações intermediárias, a rocha é denominada milonito.

Com o aumento da deformação, além da orientação, os minerais passarão a apresentar extinção ondulante, bandas e lamelas de deformação, subdivisões e exsoluções. Quando da presença dos fluidos, as condições hidratantes serão responsáveis pela formação de minerais secundários, envolvendo processos de cloritização de máficos, sericitização de feldspatos, uralitização de piroxênios etc. (Fig. 4.6).

Nessas rochas, a recristalização de diferentes minerais em resposta à deformação sofrida por grãos não produz texturas como aquelas normalmente observadas em rochas metamórficas, pois nas rochas miloníticas, geralmente localizadas em faixas relativamente estreitas, as tensões dirigidas são sempre muito intensas.

Nesses casos, quando um cristal presente na rocha é deformado, inúmeros defeitos são criados na estrutura ou rede cristalina do mineral envolvido, destacando-se os deslocamentos, e, como consequência dessas deformações, observa-se um aumento da energia livre do cristal. Nesses casos, grãos deformados ou tensionados de alguns minerais, como o quartzo, podem ser identificados por sua extinção ondulante. Ainda nessas situações, por conta da rotação sofrida pela estrutura do cristal, diferentes partes do grão vão se mostrar extintas, mas em posições ligeiramente diferentes.

Para contornar esse aumento da energia, os cristais deformados podem liberar parte dela por um processo de recristalização em subgrãos. Nesses casos, os deslocamentos movem-se e alinham-se, formando novos limites, de baixo ângulo, que separam subgrãos não deformados, cada qual com uma orientação de estrutura ligeiramente diferente da outra. Essa perda de energia por movimento dos deslocamentos através dos cristais é denominada recuperação e ocorre apenas naquelas situações em que as temperaturas são suficientemente altas para permitir um limitado volume de difusão. Nessas faixas de temperaturas mais altas, difusões em minerais como o quartzo podem ser tão rápidas que cristais desse mineral podem se recuperar na mesma rapidez com que são ou foram deformados e, assim, antigos grãos são continuamente substituídos por finos mosaicos de novos não deformados. Esse processo é conhecido como cristalização dinâmica.

Esses processos de recristalização são típicos dos milonitos, que podem ser definidos como rochas de granulação fina produzidas como resultado da redução do tamanho de grãos em zonas com intensa deformação, como é o caso das zonas de cisalhamento. Essas feições podem envolver desde a quebra dos grãos, a catáclase, até a redução do tamanho por deformação plástica acompanhada da recristalização dinâmica, mencionada anteriormente. Rochas ricas em filossilicatos vão produzir milonitos folheados conhecidos por filonitos e, nos casos de milonitos nos quais os porfiroclastos sofreram recristalização secundária, a rocha é denominada blastomilonito. Em casos específicos da formação de porfiroclastos, como no caso do quartzo, alguns podem se mostrar extremamente alongados, sendo descritos como fitados.

4.2.2 As texturas segundo a origem e a composição das rochas metamórficas

Para facilitar a identificação das texturas de rochas resultantes da atuação de processos metamórficos, procedeu-se a uma divisão dessas rochas em dois grandes grupos, a saber: as rochas de origem sedimentar, ou paraderivadas, e as de origem ígnea, ou ortoderivadas. Essa subdivisão justifica-se pela possível interferência

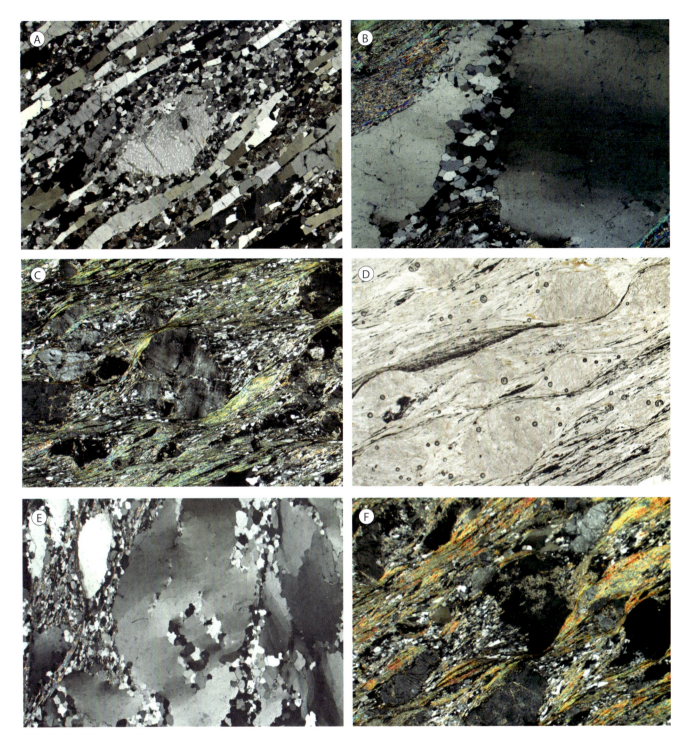

Fig. 4.6 Texturas do metamorfismo dinâmico e seus detalhamentos. O conjunto de rochas aqui apresentado é constituído por produtos resultantes da transformação mecânica de granitos, riolitos, tufos vulcânicos e xistos. Originalmente correspondendo a rochas ígneas ou metamórficas, essas rochas perderam suas características de origem e, por conta da deformação sofrida, que em menor ou maior intensidade promoveu uma redução do tamanho dos grãos, foram transformadas em protomilonitos e milonitos. Dos tipos ricos em filossilicatos resultaram filonitos. Cristais fitados (textura ribbon), foliação anastomosada, caudas de recristalização de porfiroclastos, recristalizações em sequência à formação de subgrãos, sombras de pressão assimétricas, bandas de cisalhamento, deslocamentos, dobras, deformação e rotação de minerais, dissoluções por pressão, recuperação, extinção ondulante, kinks, par de cisalhamento, lamelas de deformação e separação de subgrãos são as feições presentes que comprovam essas transformações. (A) Textura ribbon em granito milonítico da Zona de Cisalhamento de Santo Antônio de Pádua (RJ); (B) cloritoide-cianita xisto milonítico com recristalização secundária em porfiroclasto de quartzo e com textura poligonal, Diamantina (MG); (C) filonito com par de cisalhamento em porfiroclasto de K-feldspato, com recristalização e substituição do filonito, Diamantina (MG); (D) granitoide milonítico com foliação anastomosada, Diamantina (MG); (E) recristalização em sequência à formação de subgrãos em granito milonito de Diamantina (MG); (F) filonito com textura lepidoblástica, mostrando substituição intensa dos porfiroclastos de K-feldspato, Diamantina (MG)

Fig. 4.6 *(cont.) (G) Granito milonítico com textura típica de um protomilonito, com predominância de porfiroclastos sobre matriz. Local desconhecido; (H) porfiroclasto de feldspato e quartzo fitado em meta riolito, Sucurú (PB); (I) quartzo fitado em gnaisse milonítico, Santo Antônio de Pádua (RJ); (J) quartzo fitado em meta riolito, Sucurú (PB); (K) recristalização em sequência à formação de subgrãos em meta riolito, Sucurú (PB); (L) cloritoide-cianita xisto milonítico com recristalização e contatos poligonais, Diamantina (MG) [nicóis cruzados, com exceção de (D) (descruzados) – 25x]*

de arranjos estruturais, de origem sedimentar ou magmática, nas texturas metamórficas finais.

Texturas de rochas metamórficas paraderivadas

Desse grupo fazem parte todas aquelas rochas resultantes da atuação de processos metamórficos por sobre materiais de origem sedimentar, com evidências de cristalização e/ou recristalização metamórficas e com rearranjos e reorientações, ficando, em muitos casos, preservadas as estruturas sedimentares, tais como os bandamentos composicionais.

As rochas desse grupo foram, por sua vez, subdivididas conforme a composição química ou o tipo de sedimento envolvido: peraluminosas (ou pelíticas), calcárias, calcissilicáticas (ou margas) e quartzosas.

1. *Texturas de rochas metamórficas peraluminosas.* Os altos conteúdos em minerais micáceos, típicos para a grande maioria das rochas peraluminosas, constituem fatores determinantes para a definição das texturas das rochas desse subgrupo. No metamorfismo regional, de baixa (Fig. 4.7), média ou alta pressão (Fig. 4.8), as micas, mais frequentes nas rochas de baixo grau, mas também encontradas naquelas que se formaram sob condições do final da fácies anfibolito, ainda que em conteúdos reduzidos, quando dispostas segundo direções preferenciais, definirão texturas lepidoblásticas. Com

Fig. 4.7 *Texturas de rochas metamórficas peraluminosas em metamorfismo regional do tipo baixa pressão. Textura lepidoblástica para fácies anfibolito de baixa temperatura: (A) biotita-muscovita-quartzo xisto, (B) andaluzita-biotita-quartzo xisto e (C) cordierita-biotita-quartzo xisto; textura lepidogranoblástica para fácies anfibolito de alta temperatura: (D) cordierita-sillimanita (fibrolita) gnaisse; textura granoblástica para fácies granulito: (E) sillimanita-granada-cordierita granulito [nicóis cruzados – 25x] e (F) cordierita-hyperstênio granulito [nicóis cruzados – 50x]*

o aumento do grau metamórfico e considerando o regime bárico (variações nas condições de pressão), alumossilicatos prismáticos, como a granada, a estaurolita, a cordierita ou ainda os polimorfos do Al_2SiO_5 (andaluzita, cianita e sillimanita), bem como os feldspatos, serão formados à custa dessas micas, biotitas e muscovitas, contribuindo para o desenvolvimento de texturas granoblásticas até porfiroblásticas no final da fácies anfibolito, dando lugar a rochas granoblásticas de granulação fina-média na fácies granulito. No metamorfismo térmico, mas do tipo contato, nas fácies horn-

Fig. 4.8 *Texturas de rochas metamórficas peraluminosas em metamorfismo regional do tipo média até alta pressão. Textura lepidoblástica para rochas da fácies xisto verde (Minas Gerais): (A) granada-biotita-muscovita xisto, (B) cianita-mica xisto; textura lepidoblástica para rochas da fácies anfibolito de temperatura baixa-média: (C) estaurolita-biotita-muscovita xisto, (D) estaurolita-granada-mica xisto; textura lepidoblástica para rochas da fácies anfibolito de alta temperatura (Minas Gerais): (E) granada-sillimanita(fibrolita)-K-feldspato gnaisse; textura granonematoblástica para rocha da fácies granulito de alta pressão: (F) cianita-K-feldspato-granada granulito [nicóis cruzados – 25x]*

blenda hornfels, piroxênio hornfels e sanidina hornfels, serão produzidos minerais tais como a andaluzita, a cordierita, a sillimanita, o K-feldspato e o córidom, e a textura será granoblástica de granulação fina, com ou sem a presença de blastos desenvolvidos desses minerais.

2. *Texturas de rochas metamórficas calcárias.* Rochas metamórficas com composição calcária, constituídas essencialmente por calcita, dolomita ou, mais raramente, magnesita. Envolvem transformações a partir de dolomitos e de calcários, silicosos ou não. Para além da recristalização da calcita e da decomposição da dolomita, outros minerais, como a tremolita, o diopsídeo e a wollastonita, poderão ser formados, dependendo, para tanto, da presença do quartzo. A presença de algum Al_2O_3 poderá ser decisiva para a formação de granada, epidoto, hornblenda, vesuvianita e plagioclásio cálcico. De modo geral, a textura predominante para essas rochas será a granoblástica (Fig. 4.9).

3. *Texturas de rochas metamórficas calcissilicáticas.* Rochas calcissilicáticas resultam do metamorfismo de calcários impuros ou de margas. São normalmente maciças, com granulação predominantemente fina e denominadas *fels*. Nessas rochas, minerais argilosos, quartzo e clorita encontram-se associados a cristais de calcita e/ou de dolomita em proporções muito variáveis. Por conta disso, as rochas calcissilicáticas são normalmente constituídas por minerais, tais como o quartzo, a zoisita, a clinozoisita, a Ca-almandina, os plagioclásios, a actinolita, a hornblenda, o diopisídeo e a salita, entre outros, e as texturas são invariavelmente granoblásticas. A presença de estruturas bandadas, herdadas ou resultantes da atuação de outros processos, é frequente (Fig. 4.10).

4. *Texturas de rochas metamórficas quartzosas.* Rochas metamórficas com composição quartzosa resultam do metamorfismo de arenitos puros ou não, com transformação para quartzitos. Dependendo do conteúdo em minerais argilosos, essas rochas, após o metamorfismo, poderão conter quantidades variáveis de minerais micáceos, o que poderá influenciar seu tipo de textura, ou mesmo de prismáticos, como a cianita e a sillimanita. Normalmente granoblásticos, quando essencialmente puros, podem apresentar feições lepidoblásticas até nematoblásticas em função do conteúdo e da orientação de palhetas de micas e de minerais prismáticos, respectivamente (Fig. 4.11).

Texturas de rochas metamórficas ortoderivadas

Desse grupo fazem parte todas aquelas rochas resultantes da atuação de processos metamórficos por sobre materiais de origem ígnea. Nesses casos, considerando as temperaturas máximas do metamorfismo e as temperaturas de cristalização do material ígneo envolvido, poderão ocorrer modificações mineralógicas e texturais, quando as temperaturas do metamorfismo forem mais altas que aquelas do material ígneo previamente alterado, e apenas texturais, quando aquelas temperaturas forem inferiores às da fase ígnea.

Normalmente, a cristalização ou a blastese metamórfica só deverá ocorrer naqueles casos em que a mineralogia ígnea sofreu alterações prévias, por introdução de H_2O, com redução das temperaturas de seus constituintes mineralógicos. Assim, por meio de reações metamórficas, poderão formar-se novos minerais, que serão descritos como metamórficos.

Nos casos de rochas ígneas de composição ultrabásica até básica e dependendo tanto do volume de H_2O introduzido quanto da temperatura e da pressão do metamorfismo, poderão ser formados minerais metamórficos, tais como olivina, piroxênios, anfibólios (glaucofana, actinolita, tremolita e hornblenda), plagioclásios, epidotos, talco, clorita e quartzo.

No caso de rochas intermediárias até ácidas, após extensa substituição de feldspatos por micas, por exemplo, minerais metamórficos poderão se formar, incluindo micas, feldspatos, anfibólio e até piroxênio. Dependendo dessa mineralogia e da atuação de esforços dirigidos, a textura dessas rochas poderá se caracterizar pela presença ou não de xistosidades, variando entre os tipos lepidonematoblásticos até os granoblásticos.

Para todos os casos de rochas ígneas em que as temperaturas do metamorfismo não foram altas o suficiente ou as rochas de origem ígnea não passaram por nenhuma alteração prévia, poderão ocorrer apenas modificações nos arranjos texturais de origem ígnea, com alongamentos e reorientações dos cristais com essa origem (Fig. 4.12).

Fig. 4.9 Texturas de rochas de composição calcária. Na transição de calcários para mármores e outras rochas de composição calcária, observa-se uma significativa variação na granulação das rochas envolvidas. À esquerda, de cima para baixo, conjunto de fotomicrografias de calcários puro (A1) e com quartzo (A2), da Bahia, e, em (A3), calcário de Carrara, Itália. À direita, de cima para baixo, conjunto de fotomicrografias de rochas metamórficas calcárias de médio grau: (B1) espinélio mármore, (B2) wollastonita fels e (B3) mármore calcítico [nicóis cruzados – 25x]

Fig. 4.10 *Texturas para rochas metamórficas calcissilicáticas. Rochas calcissilicáticas mostram textura granoblástica. Normalmente são maciças, podendo apresentar estrutura bandada, com granulação predominantemente fina. Nas fotomicrografias apresentadas, os tipos distinguem-se, conforme o grau metamórfico, pela presença de epidotos, escapolita, cummingtonita, hornblenda actinolítica e granada, assim como pela presença de bandamento [nicóis cruzados – 25x]*

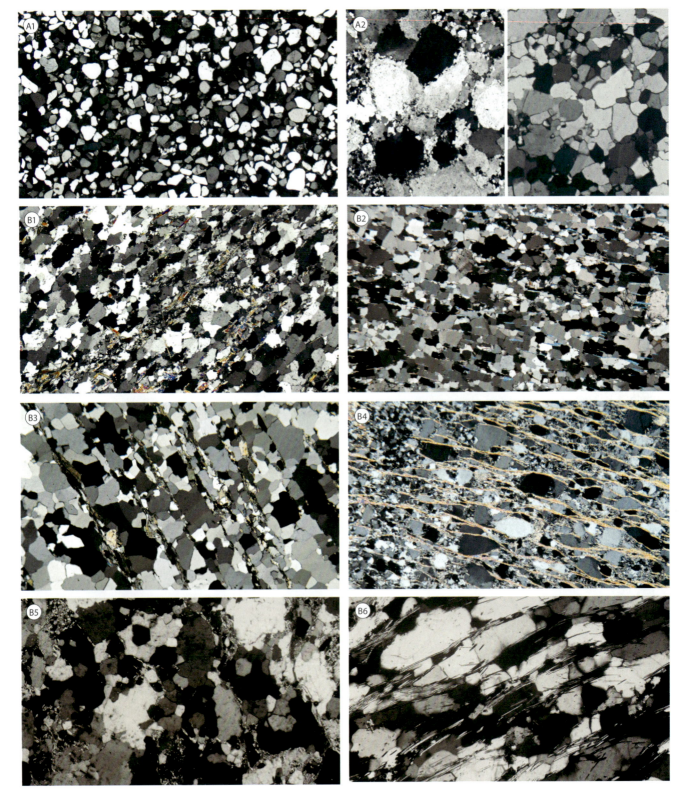

Fig. 4.11 Texturas das rochas metamórficas quartzosas. As rochas metamórficas quartzosas, tanto aquelas derivadas de arenitos puros quanto de impuros, apresentam textura granoblástica. A presença de outros minerais – micáceos, como a sericita, a muscovita ou a biotita, ou prismáticos, como a cianita e a dumortierita – pode significar alguma mudança na textura dessas rochas, que, em função da quantidade presente, pode levar ou não ao desenvolvimento de estruturas planares. Dos dois conjuntos de fotomicrografias apresentados, o primeiro (A) diz respeito ao processo de recristalização de arenitos (A1), dando lugar a quartzitos puros (A2), com granulação mais grossa e diferentes graus de recristalização. O segundo conjunto de fotomicrografias (B) é constituído por imagens de quartzitos com diferentes composições e texturas influenciadas pela presença de minerais prismáticos ou de micas. Têm-se representados quartzitos com dumortierita (B1), com sericita orientada (B2), com cianita orientada (B3), com muscovita orientada (B4), com sericita não orientada (B5) e com sillimanita fibrosa orientada (B6) [nicóis cruzados – 25x]

Fig. 4.12 *Texturas para rochas metamórficas ortoderivadas. Com o metamorfismo, as rochas ortoderivadas podem apresentar apenas mudanças na orientação de seus minerais constituintes, se mantida a sua mineralogia original, como representado no primeiro conjunto de fotomicrografias (A), à esquerda, constituído, de cima para baixo, por um meta tufo ácido (A1) de Conceição do Mato Dentro (MG), por um metassienito (A2) de Goiás, por um metadunito (A3) dos Alpes, Suíça, e por um metagranito (A4) e um metatonalito (A5), ambos de Minas Gerais. Com o segundo conjunto à direita (B), constituído, de cima para baixo, por um forsterita-antigorita-clorita serpentinito (B1) da região de Valmalenco, nos Alpes centrais, um clorita xisto (B2) da região de Caeté (MG), um esteatito (B3) e um carbonato-talco xisto (B4) de Santa Rita de Ouro Preto (MG) e um zeólita-quartzo-clorita xisto (B5) da região do Serro (MG), tem-se a representação de rochas metamórficas ortoderivadas, com composição original variando entre os termos ultrabásico e básico, todas não só com texturas, mas com mineralogias metamórficas [nicóis cruzados – 25x]*

Placas de rochas ornamentais e de revestimento – Coleção Laboratório de Caracterização Tecnológica de Rochas com Aplicação Industrial – LABTECRochas do CPMTC-UFMG

5

PETROGRAFIA DAS ROCHAS ÍGNEAS E METAMÓRFICAS COM APLICAÇÃO ORNAMENTAL E DE REVESTIMENTO

Além da importância para o entendimento dos processos relacionados com a evolução do manto e da crosta terrestres, a petrografia das rochas ígneas, metamórficas e parte das sedimentares é imprescindível para uma adequada aplicação desses materiais em diversos setores, como no da construção civil. Quando essas aplicações são possíveis, essas rochas recebem a denominação de ornamentais e de revestimento, o que significa que correspondem a tipos litológicos extraídos em placas ou blocos, que podem ser cortados em formas diversas e beneficiados através de esquadrejamento, polimento e lustro.

No processo de decisão sobre a viabilidade de aplicações desses materiais pétreos, é também imprescindível o conhecimento da extensão de atuação dos processos geológicos envolvidos na gênese dessas rochas, tais como aqueles relacionados com o grau metamórfico, com o grau de diferenciação magmática e com o grau de alteração, bem como o conhecimento do modo de ocorrência, dos volumes disponíveis e das propriedades desses materiais.

Nesse conjunto de propriedades ou características, chamadas tecnológicas, a petrografia, tanto macro quanto micro, desempenha papel fundamental para a correta especificação dos materiais pétreos a serem utilizados em diversos projetos na construção civil e na arquitetura, seja enquanto material de revestimento ou enquanto matéria-prima para elementos decorativos, artísticos ou utilitários, e pode ser considerada importante para uma pré-avaliação quanto à capacidade dessas rochas de resistir a esforços compressivos e flexionais, a alterações provocadas por variações térmicas e, ainda, a desgastes impostos pelo uso.

5.1 As rochas ornamentais e de revestimento e os elementos da petrografia

Os diversos tipos de rochas ornamentais e de revestimento, ígneas, metamórficas ou sedimentares, com aplicações históricas ou contemporâneas, podem ser diferenciados por meio das descrições petrográficas, considerando, como já ressaltado, suas características macroscópicas e texturais.

A seguir, serão apresentadas classificações específicas para essas rochas com aplicações ornamental e de revestimento, com base em elementos que compõem uma análise petrográfica, tais como coloração, tamanho e forma dos grãos, presença ou ausência de estruturas planares e lineares, conteúdo mineralógico e arranjos texturais.

5.1.1 Classificação segundo a composição mineralógica e a coloração

Em termos de produção, dentre os principais tipos de rochas com aproveitamento no setor de rochas ornamentais e de revestimento no Brasil, no passado e no presente, destacam-se volumosas ocorrências de "maciços granitoides", com grande diversidade de tipos (gnaisses, migmatitos, granitos etc.), inúmeros depósitos de rochas quartzíticas, diversas lentes de calcários e de mármores, raras ocorrências de esteatitos (pedra-sabão) e de serpentinitos, diques e corpos gabroicos, xistos diversos, rochas miloníticas e, ainda, depósitos de folhelhos, descritos incorretamente como ardósias. Com usos mais recentes, podem ser citados metaconglomerados, materiais provenientes de pegmatitos e outros tipos raros e descritos como exóticos.

Os granitos ornamentais

Comercialmente, as rochas ornamentais e de revestimento denominadas como granito nem sempre correspondem a esse tipo petrográfico, segundo proposta da Subcomission on the Sistematics of Igneous Rocks (Streckeisen, 1973), apresentando elementos texturais muito discrepantes.

Assim, com base petrográfica, pode-se afirmar que os "granitos comerciais", além de apresentarem granulação variada, podem envolver diversos tipos e extremos, aqui discriminados com base mineralógica em:

- "granitos" quartzo-feldspáticos, representados pelos chamados granitos verdadeiros (granito *Ruby Red,* granito Cinza Andorinha, granito *Amazon Star* etc.), mas também por inúmeros gnaisses migmatíticos ou não (granito Verde Lavras, granito Azul Brasil, granito Knawa etc.), por rochas vulcânicas ácidas até intermediárias (granito Azul Sucuru) e até por conglomerados (granito *Marinace*);
- "granitos" feldspáticos, que de fato correspondem, segundo classificação proposta pela Subcomission on the Sistematics of Igneous Rocks (IUGS, 1973), a sienitos (granito Marrom Itarantim, granito Azul Bahia, granito Ás de Paus, granito Azul da Noruega, granito Marrom Caldas etc.);
- "granitos" máficos, que de fato correspondem a rochas básicas, tais como gabros de grão fino (granito Preto São Gabriel, granito Cotaxé etc.) e basaltos (granito Basaltina);
- "granitos" ultramáficos, que de fato correspondem a serpentinitos, são rochas ultramáficas ricas em serpentina, anfibólios, clorita etc. (granito ou mármore Verde Alpi, granito Verde Boiadeiros etc.).

Essas rochas podem apresentar colorações diversas (Fig. 5.1), com destaque para os granitos amarelos (granito *Gold* 500, granito Juparaná, granito Rio do Norte Amarelo etc.), os brancos (granito Nepal, granito *Cotton White*, granito Branco Romano etc.), os cinzas (granito Cinza Pirá, granito Cinza Mauá, granito Arabesco etc.), os vermelhos ou rosas (granito *Ruby Red*, granito Coral Pernambuco, granito Rosa Raissa, granito Rosa-Imperial, granito Vermelho Bragança, granito Lilás Gerais etc.), os marrons (granito Café-Imperial, granito Marrom Caldas etc.), os verdes (granito Verde Lavras, granito Verde Van Gogh, granito Verde Pavão, granito Verde Jade etc.), os pretos (granito Preto São Gabriel, granito Preto, granito Cotaxé etc.), os azuis (granito Azul Bahia, granito *Blue Valley*, granito *Blue Wave*, granito Azul Sucuru etc.) e os beges (granito Bege Pavão, granito Arabesco Samoa etc.)

Quanto à coloração, esta pode ser explicada com base em conteúdos mineralógicos primário e secundário das rochas. Os granitos cinza-esbranquiçados e os preto-esbranquiçados, que constituem os tipos mais comuns, têm essa coloração em parte devido à presença de minerais primários tais como feldspatos, quartzo e biotita. Tipos esbranquiçados são raros e denotam ausência de minerais máficos, enquanto tons róseos e encarnados decorrem da presença de certos feldspatos, de granadas, como as almandinas, de inclusões ricas em ferro ou de suas alterações. Os tons de marrom decorrem da presença de inúmeras inclusões de agulhas de rutilo e lamelas de ilmenita em feldspatos e minerais máficos, enquanto os verde-claros, os verde-escuros e os pretos devem-se à presença de minerais máficos, como anfibólios e piroxênios, ou a cloritas, serpentinas e outros resultantes de processos de alteração dos constituintes primários. Quanto à coloração preta, esta será realçada pela granulação fina das rochas ricas em constituintes máficos. Tons amarelados e alaranjados decorrem da alteração de minerais máficos, como a biotita, e de minerais opacos.

Sobre aplicações de rochas gnáissicas, é importante destacar aquelas consideradas históricas e que foram muito frequentes em cidades litorâneas do Sudeste e Sul do Brasil, como Rio de Janeiro, Paraty, Vitória e Florianópolis. Presentes principalmente em edificações como igrejas e construções civis e administrativas, bem como nas pavimentações de ruas e estradas, destacam-se tipos identificados como facoidal e leptinito, muito utilizados no Rio de Janeiro (Fig. 5.2).

Os quartzitos e arenitos ornamentais

Os quartzitos ornamentais diferenciam-se por conta do grau de recristalização e pelo conteúdo em outros minerais que não o quartzo. Quando apresentam alto grau de recristalização, a granulação é predominan-

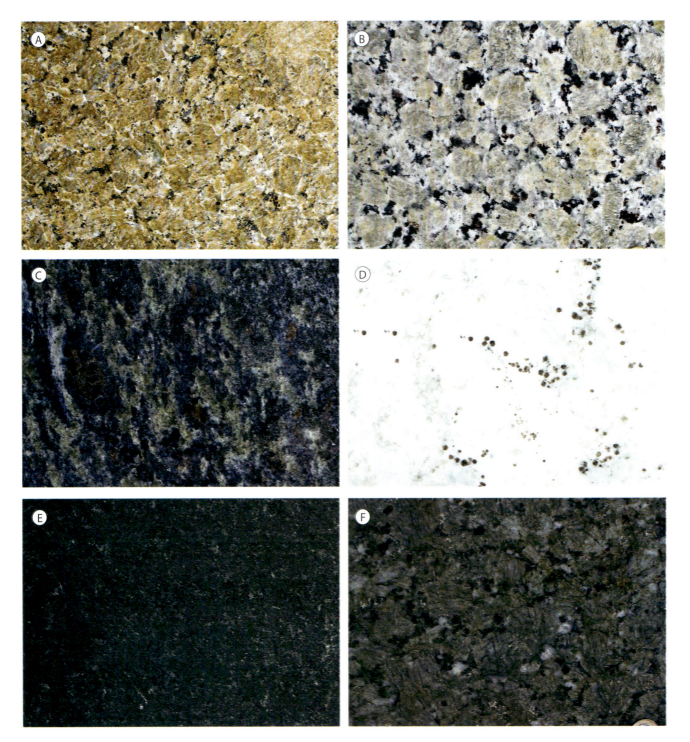

Fig. 5.1 *Coloração de granitos ornamentais. Entre as inúmeras variações cromáticas possíveis para o conjunto das rochas ornamentais, destacam-se, os tipos: amarelo (A – Granito Rio do Norte Amarelo), bege (B – Granito Bege Pavão), azul (C – Granito Blue Valley), branco (D – Granito Branco Romano), preto (E – Granito Preto) e verde (F – Granito Verde Jade) [fotografias chapas de rochas: Rogério Franco]*

temente fina e, se são constituídos essencialmente por quartzo, mostram textura granoblástica. Nesses casos, são muito resistentes e podem apresentar propriedades típicas dos chamados granitos comerciais. Para esses tipos, a extração será feita a partir de blocos, sendo possível a obtenção de chapas regulares, em teares apropriados, com posterior processo de beneficiamento envolvendo polimento e lustro. Por apresentarem características semelhantes às dos granitos ornamentais, esses quartzitos são descritos comercialmente, com certa frequência, como granitos.

Ao contrário dos primeiros, os quartzitos com alto conteúdo em minerais micáceos, como o quartzito São Tomé, podem apresentar foliação até muito bem desenvolvida em função da disposição preferencial desses filossilicatos, o que não permite a extração

Fig. 5.2 *Feições dos gnaisses (A) facoidal e (B) leptinito, aplicados em construções históricas da cidade do Rio de Janeiro, como nas igrejas da Candelária e do Santíssimo Sacramento, respectivamente. Acervo do autor*

de blocos. Nesses casos, são produzidas placas, pois essas rochas partem-se com certa facilidade, segundo os planos definidos pela concentração dos minerais micáceos. Se a presença dessas estruturas planares facilita a obtenção das placas, a falta de regularidade dos níveis, aliada aos métodos não adequados de extração, determinam grandes perdas e baixas taxas de aproveitamento para eles.

No mercado, encontram-se ainda tipos quartzosos pouco recristalizados, que, com base em análise petrográfica, podem ser caracterizados como meta-arenitos – por exemplo, o quartzito Rosa Aurora – e, ainda, aqueles com altos conteúdos em feldspatos, que correspondem a meta-arcósios, como o denominado quartzito *Pink*.

Para os quartzitos, as cores variam entre os tons de branco, rosa (Rosinha do Serro), marrom, azul (Azul Macaúbas) e amarelo (*Amarilio São Tomé*). Quanto a essas colorações, os quartzitos puros tendem a ser brancos (*Bianco São Tomé*). Em presença de minerais opacos alterados, podem apresentar diversos tons de amarelo e rosa (quartzito Rosinha do Serro). Por conta da presença de determinados minerais, como a dumortierita ou a cianita, os quartzitos podem ser azulados (quartzito Azul-Imperial) até cinza-azulados (quartzito Azul).

Historicamente, quartzitos (Fig. 5.3) foram empregados com muita frequência em edificações e monumentos de cidades mineiras, como Ouro Preto (quartzito Lajes e Itacolomy), Tiradentes e São João del Rey, muito em razão da proximidade das áreas de extração, algumas em funcionamento até os dias de hoje.

Sobre arenitos e suas aplicações no Brasil, praticamente todas se encontram restritas a edifi-

Fig. 5.3 *Exemplos para a aplicação de quartzitos da região das Lajes, em monumentos históricos na cidade de Ouro Preto, Minas Gerais. Acervo do autor*

cações históricas, principalmente no Nordeste do país, como em Penedo (AL) e Salvador (BA) (Costa, 2009). Nesta cidade, os arenitos (Fig. 5.4A), quase sempre com algum conteúdo em material calcário, são provenientes das antigas pedreiras de Itapagipe (arenito de arrecife) e Jaguaripe, esta última em Itaparica (Almeida, 2016, p. 123-133). No Sudeste e no Sul do Brasil, foram aplicados: em São Paulo (Fig. 5.4B), o arenito Itararé, do Grupo Itararé, que contém argilas, feldspato, clorita e illita (Del Lama et al., 2008); no Rio Grande do Sul, foi utilizado arenito silicificado Botucatu, intertrápico em derrames de lavas da Formação Serra Geral, como no caso da igreja de São Miguel das Missões, cujas pedreiras da Laje e Esquina Ezequiel se encontram nas proximidades.

Os calcários e os mármores ornamentais

Comercialmente, calcários e mármores são indistintamente denominados mármores. Assim como para quartzitos e arenitos, essas rochas têm suas feições texturais fortemente influenciadas por transformações metamórficas. Sem metamorfismo, os calcários caracterizam-se como rochas com granulometria muito fina, enquanto os mármores, em função do grau metamórfico, são granoblásticos e apresentam granulação variando de fina até média-grossa. Com qualificação ornamental ou de revestimento, destacam-se tipos de mármores de muito baixo grau metamórfico, de grão muito fino e com larga aplicação no setor estatuário, que tem nos diversos tipos de Carrara os seus mais nobres exemplares (*Bianco Carrara Venato*, *Bianco Statuario Venatino*, *Bianco Statuario* etc.). Quanto aos mármores de temperatura mais alta, estes apresentam maior resistência e granulação maior; como exemplo, pode ser mencionado o mármore Branco Extra, extraído no Espírito Santo. Já entre tipos de calcários disponíveis no mercado, podem ser destacados o bege Bahia e o Aurora Pérola, brasileiros, e o Crema Marfil, espanhol.

Embora não façam parte dos grupos de rochas tratados nos Caps. 1 a 4, os calcários têm a sua classificação baseada em critérios texturais, como tipos de grãos, ou mineralógicos. No primeiro caso, os tipos de grãos presentes podem ser os ooides, os bioclastos e os intraclastos. Como exemplo, e no caso dos bioclastos (fósseis), essa presença será sempre assinalada no nome da rocha pelo prefixo *bio*, conforme classificação proposta por Roberto Louis Folk, em sua *Classificação prática de calcários*. Quanto ao restante da denominação para parte dessas rochas, essa será dada pela granulometria do carbonato presente, portanto outra feição relacionada com a textura da rocha. Assim, um micrito, por exemplo, corresponde a um calcário formado preponderantemente por cristais de calcita de granulometria muito fina, resultantes da litificação de lamas

Fig. 5.4 *Aplicações de arenitos em construções históricas, como (A) na fachada da Igreja da Venerável Ordem 3ª de São Francisco da Congregação da Bahia, Salvador, e (B) nas colunas do Teatro Municipal de São Paulo. Acervo do autor*

clásticas muito finas, constituídas por elementos biogênicos aragoníticos e convertidos em calcita ou por precipitações diretas. Texturalmente, a rocha micrítica caracteriza-se ainda por ser maciça, por não apresentar estruturas e pela presença de baixos conteúdos em elementos terrígenos. Calcários portugueses, como a Pedra de Ança e a Relvinha, são exemplos de materiais essencialmente micríticos. Outro tipo de rocha calcária é o denominado esparito. Nesse caso, a rocha contém cristais de carbonato com tamanhos que excedem 30 mm. Porém, os calcários podem também apresentar várias feições e, assim, podem existir aqueles identificados como ooesparíticos ou bioesparíticos, com cimento esparítico, mas contendo partes micríticas (matrizes), e, no caso dos bio, com a presença de bioclastos (gasterópodos, foraminíferos, corais, moluscos etc.). Esse tipo de calcário com bioclastos foi muito utilizado no Brasil Colônia e Império. Exemplos notáveis, vindos de Portugal, são identificados como Lioz (Casal Moura; Carvalho, 2007) e se diferenciam, por exemplo, pela presença de fósseis rudistas e por variada gama de cores (Fig. 5.5).

Os calcários e os mármores podem mostrar grande variedade de cores, com tons que variam entre o amarelo, o rosa, o salmão (mármore Aurora Pérola), o marrom (mármore Chocolate), o branco (mármore Branco Extra), o vermelho (mármore *Bordeaux*), podendo ser destacados ainda o mármore Preto Florido e o mármore Verde Jaspe, todos originários do Brasil. No caso das colorações amareladas ou avermelhadas, estas se devem à presença de limonita ou goethita, enquanto os pretos, à presença de matéria orgânica.

Outra feição textural importante dessas rochas está relacionada com a presença de outros minerais, como o quartzo. Considerando-se os conteúdos deste último mineral, os calcários receberão denominações como calcarenitos ou arenitos calcários, sendo estes também identificados como *beachrocks*. Destes últimos, destacam-se materiais aflorantes e aplicados em construções históricas em diversas cidades litorâneas do Nordeste brasileiro, tendo João Pessoa, Recife, Olinda e Salvador como principais referências.

Com relação à aplicação de mármores em edificações históricas no Brasil, deve ser lembrada a sua presença em praticamente todas as construções monumentais de Brasília (Fig. 5.6). Existe uma certeza com relação à sua procedência nacional (Veneziani, 1989, p. 11), e, apesar da crônica falta de registros sobre materiais pétreos utilizados em construções históricas no Brasil, esse mármore, calcítico e pertencente ao Grupo Italva, é procedente de uma pedreira de nome Sambra, já há muito abandonada e localizada nas proximidades da cidade de Italva, no Estado do Rio de Janeiro.

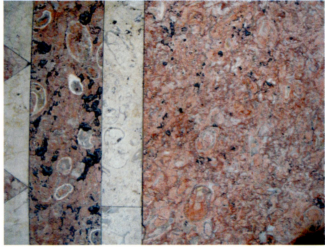

Fig. 5.5 *Aplicações históricas de calcários portugueses em pisos de construções históricas do Rio de Janeiro. Notar a presença de fósseis rudistas. Acervo do autor*

Fig. 5.6 *Aplicações históricas de mármore nas construções de Brasília. Acervo do autor*

As verdadeiras e as falsas ardósias

Ardósias podem ser descritas como rochas de granulação muito fina, constituídas por minerais filossilicatos (sericita), que apresentam clivagem ardosiana e resultam de transformações metamórficas de muito baixo grau. Acompanhando as finas palhetas de mica, encontram-se diminutos grãos de quartzo e de carbonato. Por conta da clivagem ardosiana, as ardósias, como aquelas aflorantes em Portugal (Arouca) e Espanha, são enquadradas no grupo das rochas ornamentais foliadas ou xistosas.

Em áreas onde o metamorfismo não atingiu as condições mínimas para a transformação dos sedimentos ricos em minerais argiláceos em ardósias e, principalmente, nos casos em que não se desenvolveram clivagens, as rochas podem apresentar estruturas planares sub-horizontais, de origem sedimentar (acamamento), e devem ser consideradas folhelhos, como no caso das ardósias comerciais de Minas Gerais.

Assim, embora não correspondam, do ponto de vista da petrologia metamórfica, a ardósias típicas, mas sim a folhelhos, esses materiais têm sido referenciados comercialmente como tal. A falta de regularidade na espessura de seus níveis, ou a ausência de uma foliação, significando excesso de peso para as chapas produzidas, e a presença de intercalações irregulares com composição quartzosa e métodos inadequados de extração reduzem as aplicações desses materiais. Para a principal área considerada de ocorrência dessas falsas ardósias, destaca-se aquela situada entre a região de Sete Lagoas, ao sul, e Pirapora, ao norte, no Estado de Minas Gerais. Os materiais que afloram nessa área mostram grande variação de tonalidade, com o predomínio de tons esverdeados e acinzentados.

Os esteatitos (pedra-sabão) e serpentinitos

Com frequência, essas rochas são referenciadas comercialmente, de forma incorreta, como granitos.

Da atuação de processos aloquímicos em rochas ultrabásicas e ultramáficas, tais como dunitos e peridotitos, resultam modificações químicas e alterações mineralógicas com substituição de olivinas e piroxênios primários por serpentinas, anfibólios, cloritas e carbonato. Com o predomínio das serpentinas, a rocha resultante dessas alterações passa a ser denominada serpentinito. Como no caso dos serpentinitos da região de Chiesa in Valmalenco, Itália, se essas rochas experimentaram posterior metamorfismo, continuam serpentinitos, mas contendo serpentinas de mais alta temperatura, como a antigorita, além de diopsídio e forsterita. Por outro lado, sob condições de temperaturas mais baixas, mas em elevação, e em presença de sílica, esses serpentinitos podem ser transformados em esteatitos (pedra-sabão), a partir da reação da serpentina com a sílica, que resulta na formação do talco com liberação de H_2O, como ocorrido com serpentinitos na região central de Minas Gerais. Quando essa rocha contém quase somente talco, recebe a denominação de pedra-talco e destina-se prioritariamente ao setor estatuário.

No Estado de Minas Gerais, as principais áreas de ocorrência e extração dessas rochas encontram-se localizadas nas regiões de Santa Rita de Ouro Preto, Congonhas do Campo, Piranga, Rio Acima e nos arredores de Ouro Branco e de Santa Bárbara do Tugúrio.

Atualmente, grande parte dos esteatitos extraídos destina-se ao mercado interno e é utilizada para a confecção de diferentes itens de uso doméstico e decorativos. Uma parte ainda pequena da produção destina-se à confecção de lareiras, que são exportadas para os mercados europeu e americano.

Dos serpentinitos ornamentais, o Verde Boiadeiros, extraído na região do Viriato, Rio Acima, foi utilizado como material de revestimento e, não raro, enfrentou a concorrência de produtos indianos, como o Verde Rajasthan, e italianos, como o Verde Alpi, este último extraído na região do Valle d'Aosta, nos Alpes Ocidentais ou de oeste, ou de outros verdes, como o Verde Vittoria, extraídos na região de Valmalenco, na parte central dos Alpes Orientais italianos (Fig. 5.7).

No passado, esses materiais, em especial os esteatitos, foram amplamente utilizados na produção de peças como utensílios domésticos, encanamentos, adornos, vergas e ombreiras, e em revestimentos de pisos e degraus, que se encontram presentes em construções civis, administrativas e religiosas, assim como em importantes monumentos. Destaque deve ser dado à utilização do esteatito na produção de arte estatuária, cujo maior conjunto se encontra exposto em Congonhas (MG) (Fig. 5.8).

Os xistos

As rochas foliadas e, especificamente, os xistos resultam da transformação de rochas com origens e composições diversas, envolvendo desde rochas ígneas plutônicas ou vulcânicas até, com maior frequência, aquelas de origem sedimentar. Por conta das deformações a que foram submetidas, apresentam estruturas planares (descontinuidades) e, às vezes, lineares. Suas composições variam de acordo com as das rochas que lhe deram origem e são nomeadas por seus minerais constituintes. Petrograficamente, as rochas xistosas podem ser subdivididas em função do crescimento de minerais individuais durante o metamorfismo. No caso dos xistos, os grãos são maiores do que em uma ardósia, mas, com o aumento do grau metamórfico, xistos de granulação mais desenvolvida serão formados.

Alguns dos minerais comuns aos xistos mostram tendência ao crescimento e podem constituir cristais com até alguns centímetros de comprimento, como é o caso da granada, da cordierita, da andalusita, da cianita e da estaurolita. Nesses casos, esses cristais recebem a denominação de porfiroblastos. No entanto, embora tenham um significado importante quanto ao *design* dessas rochas, essas diferenças de tamanhos interferem nas propriedades tecnológicas desses materiais, reduzindo-lhes as competências. A presença das estruturas planares também interfere nessas propriedades, contribuindo para o aumento das condições de absorção e das possibilidades de alteração. Para cortes paralelos aos planos de foliação, verifica-se ainda um aumento do desgaste, quando esses materiais são aplicados em pisos, e a possibilidade de desplacamentos, quando submetidos a esforços compressivos.

No passado, inúmeras variedades de xistos verdes (Costa, 2009), principalmente das regiões mineiras de Ouro Preto, Diamantina, Tiradentes e Caeté, foram muito explorados para aplicação ornamental (Fig. 5.9). Atualmente, são raros os tipos comercializados. Cordierita-andaluzita xisto da região de Itinga, no norte de Minas Gerais, denominado comercialmente como "granito" Matrix, e diferentes cianita-granada xistos da Bahia, comercializados respectivamente com as denominações Iberê Mari *Blue* e Meteorus, constituem os tipos mais conhecidos.

5.1.2 Classificação segundo a orientação dos constituintes mineralógicos

Por meio da análise das texturas das rochas, envolvendo a ausência de estruturas ou orientações segundo determinadas direções, ou, ao contrário, a sua presença, os materiais pétreos, ornamentais ou não, podem ser classificados como isotrópicos ou anisotrópicos, sendo que, de modo geral, as ígneas predominam entre os primeiros e as metamórficas, entre os segundos (Fig. 5.10). Aquelas rochas de origem sedimentar tendem ao segundo grupo, mas apenas quando se apresentam com estruturas relacionadas às suas sedimentações, como o são os bandamentos composicionais.

Rochas ornamentais isotrópicas

Entre os tipos de rochas ornamentais e de revestimento isotrópicas encontram-se, principalmente, as rochas ígneas plutônicas, como os granitos (granito *Cotton White*, granito Rosa Íris etc.) e os seus tipos charnockíticos (granito Verde Pavão, granito Verde Ubatuba etc.), bem como os diferentes tipos de sieni-

Fig. 5.7 *Esteatitos e serpentinitos e algumas das suas principais áreas de extração no Brasil e na Itália. Em (A) e (B), áreas de extração de esteatito respectivamente em Mariana e Santa Rita de Ouro Preto, Minas Gerais. Entre as áreas mais importantes na extração de serpentinitos em Minas Gerais, encontram-se (C) Catas Altas, (D) Ouro Branco e (E) Viriato. Na Itália, destaca-se (F) a área de Valmalenco. Acervo do autor*

Fig. 5.8 Aplicações históricas de esteatitos em monumentos nas cidades de (A) Congonhas e (B) Ouro Preto, Minas Gerais. Acervo do autor

Fig. 5.9 Aplicações históricas de xistos verdes em monumentos das cidades mineiras de (A) Tiradentes e (B) São João Del Rey. Acervo do autor

Fig. 5.10 *Rochas ornamentais isotrópicas e anisotrópicas. A classificação das rochas com aplicação ornamental como isotrópicas (A – Granito Bege Pavão) ou anisotrópicas (B – Granito São Francisco) dá-se com base na presença ou na ausência de estruturas ou de orientações para os minerais constituintes dessas rochas, sejam elas de origem ígnea, metamórfica ou sedimentar [fotografias de chapas: Rogério Franco]*

tos (granito Asa de Borboleta, granito Marrom Café, granito Azul da Noruega etc.) e os gabros (granito *Black Diamond* etc.). Do grupo das rochas vulcânicas, os basaltos são os tipos mais comuns.

Rochas ornamentais anisotrópicas
No mercado que trabalha com esses materiais, utiliza-se o termo *movimentado* para denominar o grupo das rochas descritas como anisotrópicas, por conta da presença, em escala tanto micro quanto macro, de estruturas que podem ser planares, lineares ou bandadas. Desse grupo fazem parte gnaisses, ortoderivados (granito *Giallo* Califórnia etc.) e paraderivados (granito Verde Eucalipto etc.), gnaisses migmatíticos (granito Verde São Francisco etc.), bem como algumas metavulcânicas ou granitos, milonitizados (granito Madeira, granito Olho de Pomba, granito Porto Rosa, granito Porto Belo etc.). Nesses tipos, a distribuição preferencial de seus constituintes minerais confere o caráter movimentado a essas rochas.

Assim como para os granitos movimentados, para as demais rochas ornamentais e de revestimento a existência de estruturas lineares e planares, bem como outras descontinuidades, exercerá grande influência nos parâmetros de caracterização tecnológica. A presença dessas descontinuidades implicará a redução da resistência à flexão e à compressão, determinando significativos aumentos nas taxas de porosidade e de absorção. Para compensar essas interferências, recomenda-se o estudo de cortes com direções apropriadas.

5.1.3 Classificação segundo o tamanho e a forma dos constituintes mineralógicos

As indicações para uma correta aplicação de qualquer uma dessas rochas ou conjunto de rochas do tipo ornamental ou de revestimento, afora variações de seus conteúdos mineralógicos, têm de levar em conta o tamanho, a forma e os arranjos dos grãos dos minerais que as compõem.

Essas rochas podem conter preferencialmente cristais uniformes, seja no tamanho (equigranulares) ou na forma, ou podem se caracterizar pela presença de cristais de tamanhos muito variados (inequigranulares ou seriadas), irregulares ou não. Essas diferenças, resultantes da atuação de processos envolvendo diferentes graus de cristalização, recristalização, seleção e transporte, exercerão enorme influência nas propriedades tecnológicas desses materiais. Conjuntos de cristais mal selecionados ou não, arranjos poligonais ou, ainda, a presença de grãos muito irregulares no tamanho ou na forma podem significar variações relevantes nas taxas de resistência a compressões e flexões, com grande influência nos índices físicos desses materiais, envolvendo significativas variações em termos de porosidade e de absorção d'água.

5.2 Rochas ígneas e metamórficas aplicadas como material ornamental: descrições macro e microscópicas

5.2.1 Granito Amarelo Topázio

Essa rocha, integrante do grupo dos chamados granitos movimentados, apresenta estruturação gnáissica e pode ser definida petrograficamente como um sillimanita-granada-biotita gnaisse (Fig. 5.11). Apresenta coloração amarela, por conta da presença de produtos secundários com essa tonalidade. A granada, de coloração vermelha, às vezes está envolta por palhetas de biotita de cor preta. Ao microscópio, a estruturação gnáissica é caracterizada pela presença de bandas de composição quartzo-feldspática, alternadas por linhas interrompidas e por cristais isolados de biotita e granada. Mostra granulação variável de fina a média, com orientação pronunciada e definida pela disposição preferencial dos cristais de biotita, seja através de cristais isolados ou de agregados. A limonita, resultante da alteração secundária de máficos e opacos, ocorre em áreas ao redor de cristais de minerais máficos, mas, sobretudo, preenchendo microfissuras intragranulares em cristais de feldspatos. A coloração amarela dessas partes da rocha contrasta com a coloração cinza-esbranquiçada conferida pelos cristais de quartzo e partes limpas dos feldspatos.

5.2.2 Granito Arabesco Branco

Essa rocha faz parte dos granitos movimentados e corresponde a uma granada-biotita gnaisse, de coloração cinza-esbranquiçada (Fig. 5.12). A granada está presente na forma de cristais de granulação fina e coloração vermelha, associados às palhetas de biotita de coloração preta ou dispersos na rocha. O quartzo tem coloração cinza; já o feldspato é esbranquiçado. Apresenta, como as demais rochas desse grupo, estruturação gnáissica, caracterizada ao microscópio pela presença de bandas de composição quartzo-feldspática, alternadas com linhas interrompidas e cristais isolados de biotita e granada. A biotita predomina sobre a granada. A rocha mostra granulação predominantemente grossa, com cristais centimétricos de feldspato. Apresenta orientação pronunciada e definida pela disposição preferencial das palhetas de biotita. A rocha não apresenta conteúdo significativo em minerais secundários, o que contribui para a manutenção da sua coloração original.

5.2.3 Granito Arabesco Bege

Esse granada-biotita gnaisse diferencia-se do anterior apenas por conta da coloração, que aqui tende ligeiramente para tons amarelos e marrons-claros (Fig. 5.13). Assim como as anteriores, apresenta estruturação gnáissica, caracterizada pela presença de bandas de composição quartzo-feldspática, alternadas com linhas interrompidas e cristais isolados de biotita e granada. A rocha mostra granulação variável de fina a grossa, com cristais centimétricos de feldspato. A biotita predomina sobre a granada, e seus cristais mostram-se dispostos segundo uma direção preferencial. Macroscopicamente, identifica-se que a granada está presente na forma de cristais de granulação fina e coloração vermelha, associados a palhetas de biotita de coloração preta ou dispersos na rocha. O quartzo tem coloração cinza, enquanto os feldspatos são esbranquiçados. Alguns cristais mostram coloração amarela ou marrom-clara. A rocha mostra microfissuramento significativo.

5.2.4 Granito Verde Pavão

Fazendo parte do conjunto de rochas ornamentais definidas como isotrópicas, esse granito, também identificado petrograficamente como um charnockito, por conta da presença do hyperstênio, apresenta coloração esverdeada que lhe é característica (Fig. 5.14).

Fig. 5.11 *Granito Amarelo Topázio [fotografia chapa de rocha: Rogério Franco; fotomicrografias: nicóis cruzados e descruzados – 25x]*

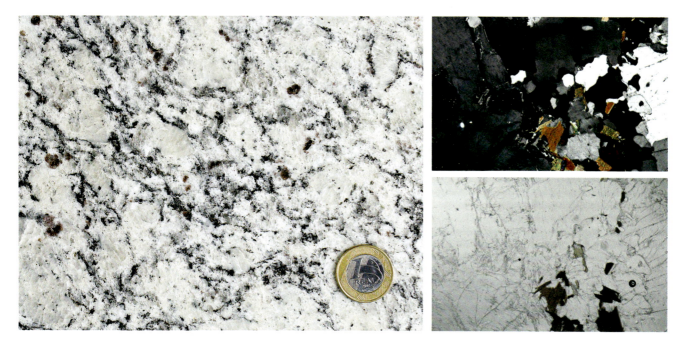

Fig. 5.12 *Granito Arabesco Branco [fotografia chapa de rocha: Rogério Franco; fotomicrografias: nicóis cruzados e descruzados – 25x]*

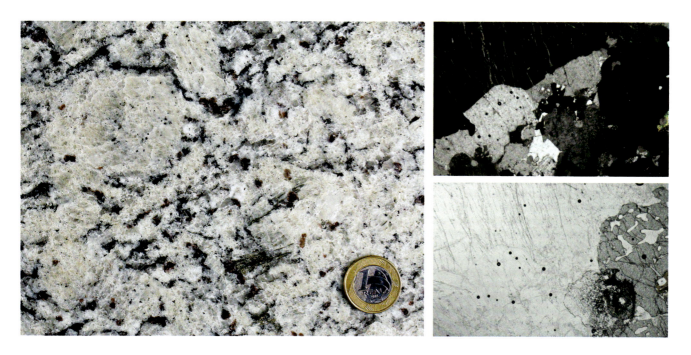

Fig. 5.13 *Granito Arabesco Bege [fotografia chapa de rocha: Rogério Franco; fotomicrografias: nicóis cruzados e descruzados – 25x]*

Cristais ou agregados de cristais de biotita mostram coloração preta. Ao microscópio, apresenta textura granular hipidiomórfica e mostra granulação variando de fina até grossa. A composição é essencialmente quartzo-feldspática e os cristais de feldspato são os que mostram maior granulação. Os feldspatos apresentam-se intensamente microfissurados, com preenchimento dessas microfissuras por material de coloração verde-escura (clorita), que confere, assim, coloração à rocha. Esta apresenta um elevado número de microfissuras do tipo intergranular e intragranular, com o predomínio das últimas. Algumas microfissuras e espaços intergranulares mostram-se também preenchidos por material secundário de coloração laranja.

5.2.5 Granito Azul Brasil

Esse granito ornamental corresponde de fato a um cordierita-granada-biotita gnaisse, metassedimentar e peraluminoso, que, por conta da sua estruturação,

Fig. 5.14 *Granito Verde Pavão [fotografia chapa de rocha: Rogério Franco; fotomicrografias: nicóis cruzados e descruzados – 25x]*

pertence ao grupo das rochas ornamentais movimentadas (Fig. 5.15). A estruturação gnáissica é caracterizada pela presença de bandas de composição quartzo-feldspática, com presença de cristais de quartzo de coloração azul, alternadas com bandas ricas em biotita. Com a descrição macroscópica, é possível a identificação de cristais de granada vermelha e de cordierita azul. Na rocha, tanto o quartzo quanto o feldspato podem, quando microfissurados, mostrar coloração amarelo-esverdeada.

5.2.6 Granito *Blue Wave*

Essa rocha, que corresponde a uma granada-cordierita gnaisse, apresenta estruturação gnáissica com evidências de migmatização, identificada pela presença de bolsões de composição quartzo-feldspática entre agregados de cristais de biotita, de cordierita e de granada (Fig. 5.16). Mostra granulação variando de média a grossa, com presença de porfiroblastos de granada vermelha. Os cristais de quartzo e de feldspato mostram coloração esbranquiçada, mas em parte encontram-se amarelados em decorrência de

Fig. 5.15 *Granito Azul Brasil [fotografia chapa de rocha: Rogério Franco; fotomicrografias: nicóis cruzados e descruzados – 25x]*

Fig. 5.16 Granito Blue Wave [fotografia chapa de rocha: Rogério Franco; fotomicrografias: nicóis cruzados e descruzados – 25x]

processos secundários de alteração com liberação de hidróxidos de ferro. Pela análise microscópica confirma-se que a coloração azul deve-se à presença dos cristais de cordierita, e a tonalidade escura é impressa pelas palhetas de biotita.

5.2.7 Granito Juparaná *Venecian*

Rocha com variações cromáticas entre o branco e o amarelo-alaranjado, foi descrita como biotita granito (Fig. 5.17). Os cristais dos feldspatos apresentam coloração esbranquiçada e o quartzo é acinzentado. As finas palhetas de biotita são pretas. Ao microscópio, identifica-se que sua textura é granular hipidiomórfica, com granulação variando de fina a grossa. É constituída essencialmente por cristais de feldspatos, de quartzo e de biotita. Microfissuras intra e intergranulares, bem como espaços intergranulares, mostram-se com frequência preenchidos por finos

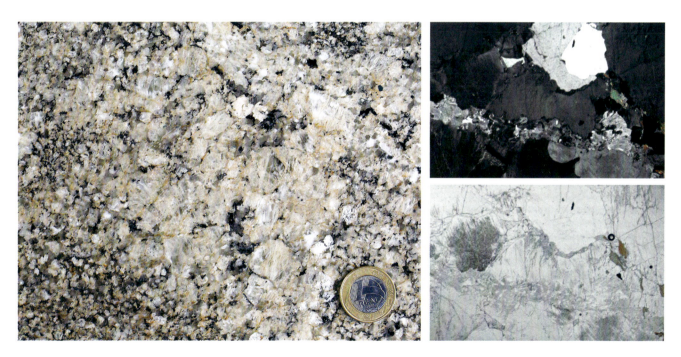

Fig. 5.17 Granito Juparaná *Venecian* [fotografia chapa de rocha: Rogério Franco; fotomicrografias: nicóis cruzados e descruzados – 25x]

cristais de minerais opacos e por material secundário, produto da alteração de máficos e de opacos, que confere coloração laranja a essas áreas da rocha.

5.2.8 Granito *Gold* 500

Descrito petrograficamente como uma granada-biotita granito, apresenta predominantemente áreas com forte e uniforme coloração amarelo-alaranjada e áreas esbranquiçadas, regularmente distribuídas (Fig. 5.18). Sua coloração amarelo-alaranjada, com variação até o marrom-escuro, deve-se à alteração secundária de minerais máficos e opacos. As áreas esbranquiçadas correspondem a áreas com presença de cristais de feldspatos não tingidos pelos produtos da alteração mencionada. Pontos ou áreas com coloração vermelha devem-se à presença de cristais de granada. Sua textura é granular hipidiomórfica com granulação variável entre média e grossa. Mostra discreta orientação dos cristais de biotita. Há grande número de microfissuras, com predomínio das intragranulares sobre as intergranulares. As microfissuras encontram-se preenchidas por material secundário que confere a coloração característica desse material.

5.2.9 Granito Cotaxé

Com base em observações microscópicas, essa rocha gabroica foi classificada como um norito, por conta da presença de cristais de ortopiroxênios em quantidade superior a dos de clinopiroxênio (Fig. 5.19). A textura dessa rocha é do tipo subofítica e, apesar do predomínio de feldspatos plagioclásios sobre piroxênios e máficos secundários, a coloração que predomina é a escura, em parte por conta da granulação fina apresentada pela rocha. No entanto, a cor preta é mais intensa nas partes constituídas essencialmente por minerais máficos, incluindo a biotita, que aparece como produto da alteração dos piroxênios.

5.2.10 Granito *Ruby Red*

Caracterizado pela coloração avermelhada de seus feldspatos e por sua granulação grossa, esse granito, de textura granular hipidiomórfica, apresenta grande resistência por conta da sua composição mineralógica essencialmente constituída por cristais de feldspatos e de quartzo (Fig. 5.20).

5.2.11 Granito Marrom Caldas

A partir de observações tanto macro quanto microscópicas, observa-se uma pronunciada orientação dos cristais ripiformes de feldspato potássico, que, por seu conteúdo, caracterizam essa rocha como um sienito (Fig. 5.21). Com relação à sua coloração marrom, esta se deve à presença de inúmeras agulhas de rutilo e finas lamelas de ilmenita inclusas em cristais de feldspatos e piroxênios.

5.2.12 Granito Ás de Paus

Comercialmente identificada como granito, essa rocha corresponde a um sienito (Fig. 5.22). Macroscopicamente, é de fácil identificação, por conta da sua coloração esbranquiçada, conferida pelos cristais

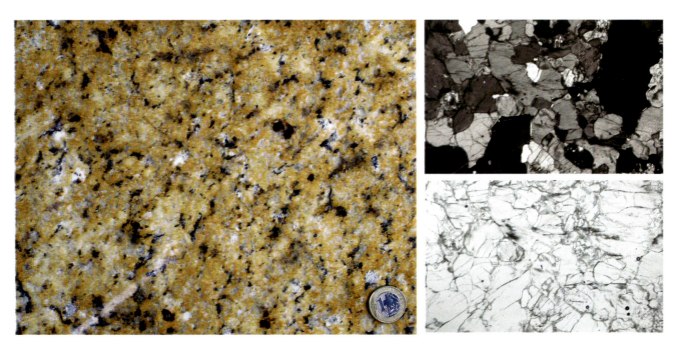

Fig. 5.18 *Granito Gold 500 [fotografia chapa de rocha: Rogério Franco; fotomicrografias: nicóis cruzados e descruzados – 25x]*

Fig. 5.19 Granito Cotaxé [fotografia chapa de rocha: Rogério Franco; fotomicrografias: nicóis cruzados e descruzados – 25x]

Fig. 5.20 Granito Ruby Red [fotografia chapa de rocha: José Israel Abrantes; fotomicrografias: nicóis cruzados e descruzados – 25x]

relativamente uniformes de feldspato potássico e de nefelina. Pontos com coloração preta correspondem aos cristais de anfibólio, regularmente distribuídos em meio aos de feldspatos. Ao microscópio confirma-se a substituição, em parte, de cristais de anfibólio para biotita.

5.2.13 Granito Asa de Borboleta

Denominada como granito, essa rocha corresponde de fato a um sienito (Fig. 5.23). É caracterizada pela presença de cristais porfiríticos de feldspato potássico que, por conta de inúmeras inclusões de finas agulhas de rutilo e lamelas de ilmenita, apresentam coloração marrom-encarnada. Ao microscópio confirma-se a textura granular hipidiomórfica e percebe-se que os espaços entre os cristais de feldspatos encontram-se ocupados por cristais de granulação muito menor, identificados como piroxênios alcalinos, micas, titanita e plagioclásio.

5.2.14 Granito *Cotton White*

O granito em questão corresponde a uma albita-microclina granito e faz parte do grupo dos granitos brancos, pois sua composição mineralógica é cons-

Fig. 5.21 Granito Marrom Caldas [fotografia chapa de rocha: José Israel Abrantes; fotomicrografias: nicóis cruzados e descruzados – 25x]

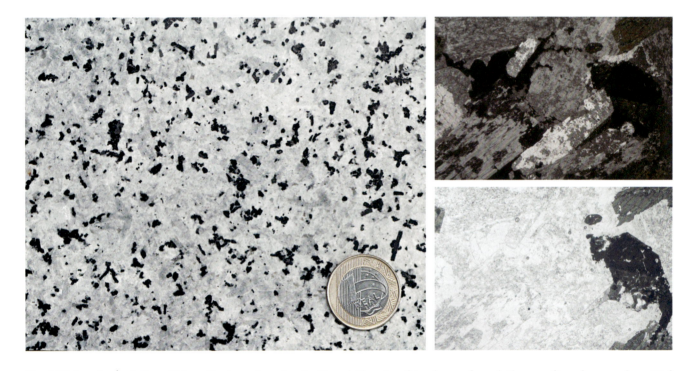

Fig. 5.22 Granito Ás de Paus [fotografia chapa de rocha: José Israel Abrantes; fotomicrografias: nicóis cruzados e descruzados – 25x]

tituída essencialmente por feldspatos e quartzo, incluindo quantidades mínimas de minerais máficos (Fig. 5.24). Essa rocha apresenta uma textura típica de granitos do tipo rapakivi, identificada pela presença de bordas de cristais de albita ao redor de cristais maiores de microclina e de quartzo, como demonstrado na fotomicrografia. Por conta da sua composição, apresenta boa resistência ao desgaste.

5.2.15 Granito Azul Sucuru

Essa rocha corresponde a um metariolito (Fig. 5.25). Apresenta fenocristais de feldspatos em matriz fina, que, por conta da deformação sofrida posteriormente, foram transformados em porfiroclastos. Como resultado da deformação sofrida, identifica-se a presença de quartzo fitado de coloração azul, que confere cor à rocha em questão.

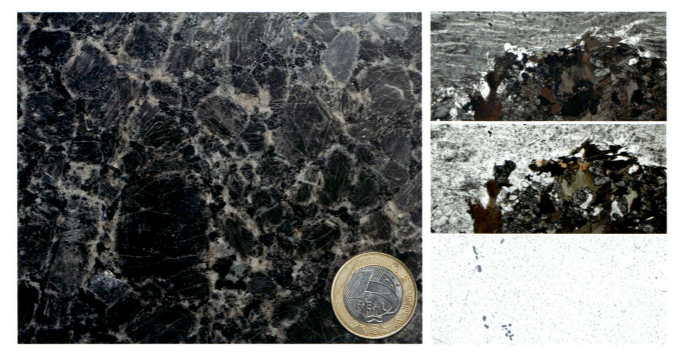

Fig. 5.23 Granito Asa de Borboleta [fotografia chapa de rocha: José Israel Abrantes; fotomicrografias: nicóis cruzados e descruzados – 25x, e nicóis descruzados – feldspato com inclusões de rutilo e ilmenita – 100x]

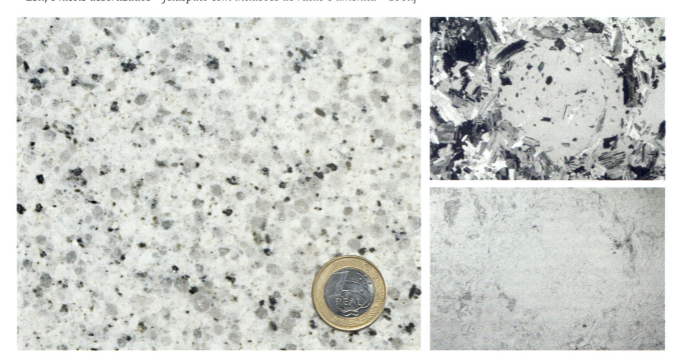

Fig. 5.24 Granito Cotton White [fotografia chapa de rocha: José Israel Abrantes; fotomicrografias: nicóis cruzados e descruzados – 25x]

5.2.16 Mármore Branco

Essa rocha apresenta coloração esbranquiçada por conta da presença quase exclusiva de cristais de calcita e granulação média (Fig. 5.26). Ao microscópio, identifica-se uma textura granoblástica.

5.2.17 Mármore Verde Alpi

Comercializada ora como mármore, ora como granito, essa rocha é de fato um serpentinito (Fig. 5.27). Com coloração variando entre tons esverdeados e acinzentados, é constituída essencialmente por finas lamelas de serpentina. Calcita e opacos ocorrem em conteúdos muito reduzidos.

5.2.18 Quartzito Rosa Aurora

Macroscopicamente, essa rocha mostra coloração rósea por conta da presença de minerais opacos e de produtos resultantes da alteração destes (Fig. 5.28).

Fig. 5.25 *Granito Azul Sucuru [fotografia chapa de rocha: José Israel Abrantes; fotomicrografias: nicóis cruzados e descruzados – 25x]*

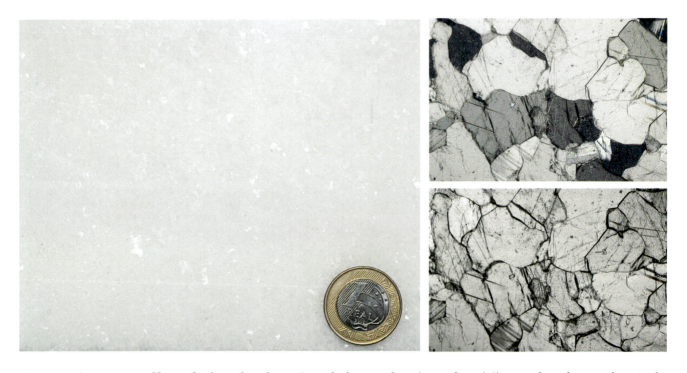

Fig. 5.26 *Mármore Branco [fotografia chapa de rocha: José Israel Abrantes; fotomicrografias: nicóis cruzados e descruzados – 25x]*

Microscopicamente, observa-se que os espaços entre grãos de quartzo encontram-se preenchidos por cristais finos de sericita, óxidos, alterações e argilominerais. Com granulação relativamente uniforme, mostra textura granoblástica.

5.2.19 Quartzito Azul-Imperial

Macroscopicamente, essa rocha apresenta variação cromática com alternância de bandas ou áreas claras e azuladas (Fig. 5.29). A cor azul deve-se à presença de cristais de dumortierita. Microscopicamente, apresenta granulação não uniforme e os cristais de dumortierita e de sericita não se mostram orientados. Os cristais de dumortierita ocupam espaços entre os grãos de quartzo ou constituem bandas de dimensões variadas. A textura da rocha é granoblástica.

Fig. 5.27 *Mármore Verde Alpi [fotografia chapa de rocha: José Israel Abrantes; fotomicrografias: nicóis cruzados e descruzados – 25x]*

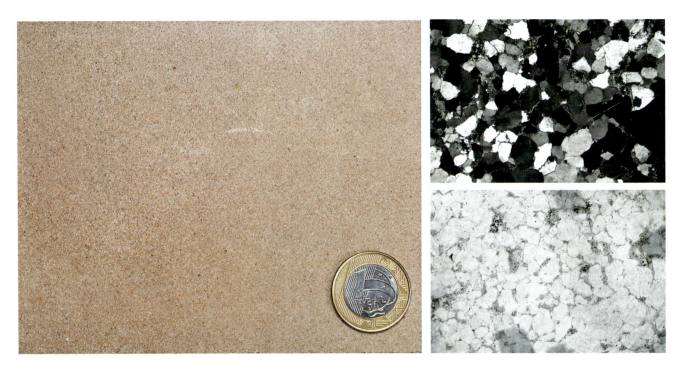

Fig. 5.28 *Quartzito Rosa Aurora [fotografia chapa de rocha: José Israel Abrantes; fotomicrografias: nicóis cruzados e descruzados – 25x]*

5.2.20 Quartzito Azul

Macroscopicamente, a rocha apresenta variação cromática por conta da distribuição por bandas e linhas dos seus minerais constituintes (Fig. 5.30). Enquanto as bandas esbranquiçadas caracterizam-se pelo predomínio dos cristais de quartzo, a tonalidade acinzentada das demais bandas e linhas é conferida pela presença dos cristais de cianita. Pontos prateados devem-se à presença de finas palhetas de sericita.

Microscopicamente, essa rocha apresenta granulação uniforme e textura granoblástica com orientação das finas palhetas de sericita, que não chegam a definir planos de foliação.

5.2.21 Xisto *Matrix*

Formado por metamorfismo de rocha sedimentar peraluminosa e em condições de fácies anfibolito, apresenta xistosidade bem desenvolvida e destaca-se

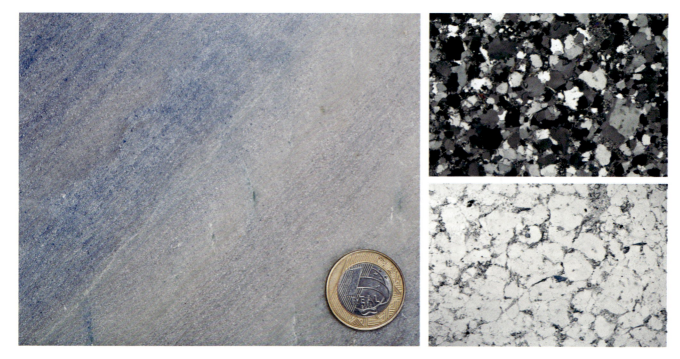

Fig. 5.29 Quartzito Azul-Imperial [fotografia chapa de rocha: José Israel Abrantes; fotomicrografias: nicóis cruzados e descruzados – 25x]

Fig. 5.30 Quartzito Azul [fotografia chapa de rocha: José Israel Abrantes; fotomicrografias: nicóis cruzados e descruzados – 25x]

pela presença de porfiroblastos (Fig. 5.31). Ao microscópio, identifica-se uma textura lepidogranoblástica, granulação predominantemente fina, com orientação definida pela disposição preferencial de finas palhetas de mica (biotita e muscovita). Essa foliação mostra-se em parte crenulada. A porção granoblástica é definida pela presença dos cristais de quartzo. Há a presença de cristais (poiquiloblastos) desenvolvidos de cordierita, contendo inúmeras inclusões. O período de desenvolvimento dos poiquiloblastos antecedeu e, em parte, sucedeu ao da deformação da rocha. O tipo predominante de contato entre os grãos é o côncavo-convexo, mas observa-se algum contato reto entre grãos de quartzo. Normalmente, apresenta um número reduzido de microfissuras.

Fig. 5.31 Xisto Matrix [fotografia chapa de rocha: José Israel Abrantes; fotomicrografias: nicóis cruzados e descruzados – 25x]

5.2.22 Pedra-sabão

A rocha denominada pedra-sabão é um esteatito e tem origem no processo de alteração seguido por metamorfismo de rochas ígneas ultrabásicas e ultramáficas constituídas essencialmente por olivina e por quantidades variáveis de orto e clinopiroxênios (Fig. 5.32). Com a alteração da olivina, é formada inicialmente a serpentina, que, por transformação metamórfica, reage com quartzo e dá lugar ao talco, que constitui o principal mineral do esteatito. Clorita, carbonatos, anfibólios e serpentina podem ser componentes, considerando-se a composição inicial dessas rochas. A textura dos esteatitos é granoblástica, em parte decussada. Quando seus minerais encontram-se orientados, a textura é típica dos xistos.

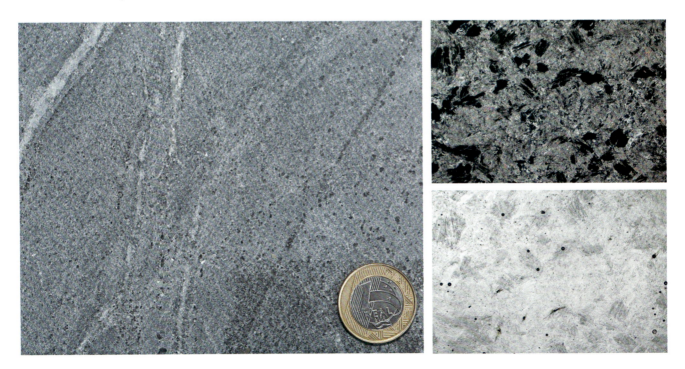

Fig. 5.32 Pedra-sabão [fotografia chapa de rocha: José Israel Abrantes; fotomicrografias: nicóis cruzados e descruzados – 25x]

Rochas aplicadas em monumentos históricos do Brasil e suas degradações

6
PETROGRAFIA DAS ALTERAÇÕES E DEGRADAÇÕES PARA MATERIAIS PÉTREOS APLICADOS

Como consequência da presença do Homem, os materiais pétreos passaram a ser utilizados com frequência cada vez maior, com ou sem algum tipo de beneficiamento. No início, esses materiais, muito provavelmente, tiveram utilidade apenas como abrigo ou refúgio. A partir de então, passaram a ser empregados na fabricação de utensílios diversos, tais como armas para a caça e a pesca, bem como para outras atividades do cotidiano. Foram também muito utilizados para a produção de ornamentos e como fonte para a produção de pigmentos. Com estes últimos foram feitas representações pictóricas, registrando cenas do cotidiano do homem pré-histórico.

A partir dessas primeiras utilizações, normalmente em estado bruto, o *Homo sapiens sapiens* moderno visualizou outras possibilidades e vantagens de aplicações para os materiais pétreos. Desde então, seus descendentes, que passaram a compreender a diversidade desses materiais, explicada pelas diferenciações, transformações, alterações e degradações, ampliaram imensamente essas possibilidades.

Nesse meio-tempo, foram desenvolvidos procedimentos que permitiram o conhecimento acerca das propriedades e características tecnológicas desses materiais, envolvendo a obtenção, entre outros, de dados referentes às suas resistências à compressão, à flexão, à dilatação térmica e ao desgaste. Com base nesses dados, foram igualmente aperfeiçoadas as técnicas de extração, de beneficiamento e de aplicação. No entanto, esses dados nem sempre foram ou são considerados para as aplicações de materiais pétreos em projetos arquitetônicos históricos ou contemporâneos, e isso tem acarretado inúmeros problemas.

Finalmente, se por um lado avanços tecnológicos permitiram um melhor conhecimento e um maior aproveitamento para inúmeras litologias, bem como uma expansão de modos para suas aplicações, por outro lado continuam reduzidas as possibilidades para a conservação das pedras.

Dessa situação concreta decorre, portanto, que, pelo menos para os projetos contemporâneos, as aplicações para os materiais pétreos, seja como material ornamental, seja de revestimento, deveriam ser sempre decididas com base tanto nas suas propriedades tecnológicas quanto em históricos sobre suas aplicações passadas. Aspectos estéticos não deveriam prevalecer sobre essas propriedades e históricos. Agindo dessa forma, certamente efeitos indesejáveis causados por agentes químicos, físicos ou biológicos, que normalmente levam à alteração e à degradação das rochas, poderiam ser evitados ou minimizados.

Buscando então entender um pouco mais sobre o comportamento das rochas, foram desenvolvidas pesquisas que levaram mais em conta o estudo de casos de materiais relacionados com edificações históricas, onde eles se encontram aplicados e expostos já por longos períodos, como a pesquisa de Costa (2009). Nesses casos, pode-se afirmar que essas construções, além do importante papel de registro da memória do Homem no seu respectivo tempo, também podem funcionar como laboratórios a céu aberto.

Seguindo essa lógica e com ênfase em casos brasileiros, são apresentados a seguir exemplos de comprometimentos de materiais pétreos aplicados. Dessa forma, espera-se que considerações e resultados dessas observações possam contribuir tanto para a conservação de elementos do patrimônio cultural quanto para a tomada de decisões envolvendo aplicações de materiais pétreos em projetos arquitetônicos contemporâneos.

6.1 Influências de características dos materiais pétreos nas aplicações

Materiais pétreos de origem ígnea, metamórfica ou sedimentar apresentam inúmeras possibilidades para aplicações, seja com finalidade decorativa, escultória ou estrutural. Decisões sobre aplicações mais adequadas devem levar em conta as características desses materiais, com ênfase para suas composições mineralógicas e suas texturas.

A par da importância dessas influências, pode-se propor uma primeira divisão para esses materiais considerando-se o grau de dificuldade com que eles poderão ser beneficiados ou retrabalhados, principalmente para a produção de elementos decorativos e escultórios. Essa dificuldade se explica em razão da presença de minerais nesses materiais com maior grau de dureza e, portanto, mais resistentes ao corte e ao desgaste. Nesse caso, a divisão será entre materiais que podem ser entendidos como macios ou duros. Os primeiros se encontram, principalmente, no grupo das rochas sedimentares, como muitos calcários e outras rochas ricas em argilominerais, assim como rochas metamórficas de muito baixo grau, incluindo, por exemplo, mármores de baixa temperatura e esteatitos.

Do grupo dos duros fazem parte rochas ígneas, vulcânicas ou plutônicas, como granitos e riolitos, assim como a maioria das rochas metamórficas de médio e alto graus, envolvendo variados tipos de gnaisses, quartzitos e mármores de alta temperatura. Em comum, esses materiais considerados duros apresentam altas taxas de cristalização ou de recristalização, como nos casos de mármores de alta temperatura, aliadas à presença de minerais mais duros com feldspatos, quartzo e granada. Além disso, uma maior concentração de minerais com maior dureza significa maior resistência não só ao beneficiamento, mas também ao desgaste ou à erosão (Fig. 6.1).

Fig. 6.1 *Comportamento dos materiais pétreos com relação ao desgaste. Diferenças composicionais e mineralógicas podem resultar em: (A) erosão diferencial envolvendo, por exemplo, maior desgaste de material vulcânico (tufo) em relação à argamassa em antiga construção em Pompeia, na região do vulcão Vesúvio, Itália; ou (B) erosão diferencial em gnaisse facoidal aplicado em pisos e degraus, com desgaste da parte macia da rocha, mas com pouco ou nenhum desgaste dos seus megacristais de feldspato potássico, que são mais resistentes (Igreja do Carmo, Rio de Janeiro); assim como em (C), onde a erosão envolveu rebaixamentos de superfícies controlados pela presença de fósseis rudistas, pela resistência de carbonatos e pela presença de minerais secundários em calcário Lioz do tipo Encarnadão (adro da Sé de Salvador, Bahia). Acervo do autor*

Uma segunda divisão pode ser proposta levando-se em conta feições texturais para materiais pétreos, que são identificados em função da presença ou não de estruturas planares, como as foliações, ou de outras orientações, como aquelas geradas por fluxo magmático, ou ainda de bandamentos. Essas feições, quando presentes, indicam algum grau de anisotropia, e algumas são utilizadas no setor comercial para identificar esses materiais como rochas movimentadas. Este é o caso dos gnaisses, que são bandados e foliados e se distinguem dos granitos, por exemplo, que são isotrópicos e não apresentam orientações para os seus minerais constituintes. Por razões estéticas, bandamentos e foliações não qualificam gnaisses para aplicações, por exemplo, com finalidade artística, como as esculturias. No entanto, a presença dessas estruturas qualifica esses materiais, por exemplo, para revestimentos de pisos e paredes, internas ou externas. Desse tipo de material são sempre mais valorizados aqueles que apresentam padrões cada vez mais exóticos.

Por outro lado, qualquer grau de anisotropia, traduzido pela presença de estruturas planares em uma rocha, tem importante influência na sua degradação. Isso se justifica, pois rochas anisotrópicas, ou movimentadas, apresentam propriedades que não são as mesmas em todas as direções, e, portanto, valores podem mudar substancialmente em função das disposições de blocos ou chapas em uma construção, conforme tenham suas estruturas em posição paralela ou perpendicular em relação a esforços que lhes são aplicados. Essas estruturas se encontram presentes principalmente em rochas metamórficas, como nos casos das ardósias, dos xistos e dos gnaisses. Aplicados com maior frequência como elementos estruturantes nas edificações históricas, esses materiais resistiram mais ou menos aos esforços a que foram submetidos, resultando disso destacamentos (esfoliações) importantes (Fig. 6.2).

Ao contrário, e de modo geral, rochas isotrópicas, como granitos, mármores e quartzitos puros, não apresentam tais problemas, pois a circulação de fluidos será sempre mais difícil, e, como as propriedades para essas rochas são as mesmas em todas as direções, isso significa que vão apresentar, por exemplo,

Fig. 6.2 *Degradações de rochas com estruturas planares. Blocos de rochas com diferentes conteúdos em micas podem apresentar destacamentos do tipo esfoliação, mais ou menos desenvolvidos, em função das suas disposições em posição paralela a esforços. (A) Esfoliação em bloco da base de coluna da Igreja de Santo Antônio, Itatiaia (MG), e (B) destacamento incipiente em quartzito micáceo do portal da Sé de Mariana (MG). Notar em ambos a presença de linhas de interseção verticais indicativas para a existência desses planos de esfoliação. Acervo do autor*

valores semelhantes para as resistências à compressão, à flexão ou ao desgaste, independentemente da posição de corte.

Entretanto, a essas estruturas se associam outras que podem resultar da atuação de processos de desconfinamento das rochas, que, quando próximas à superfície, podem se mostrar até extremamente microfissuradas ou mesmo fraturadas. Microfissuras, no entanto, podem também resultar das técnicas extrativas empregadas e até mesmo das técnicas de aplicação adotadas. Portanto, dependendo do tipo e do local da aplicação, a presença de todas essas estruturas, que facilitam a circulação de fluidos, poderá ainda contribuir para o desenvolvimento de degradações, que vão desde subeflorescências, arenizações até estufamentos, estes últimos influenciados pelo caráter expansivo de alguns minerais secundários, como micas e argilas. Vale lembrar que os materiais pétreos experimentam alterações desde seus locais e tempos de gênese, com surgimento de minerais secundários, que não apresentam a mesma resistência dos primários e, uma vez expostos a condições adversas, podem mais rapidamente mudar de cor (alteração cromática), expandir e até ser diluídos, levando ao surgimento de vazios na rocha, que contribuem para sua perda de competência (arenização).

6.2 Tempos para as transformações dos materiais pétreos

De modo geral, sabe-se que os materiais pétreos começam a experimentar modificações já ao longo dos seus processos de gênese. Rochas ígneas, por exemplo, experimentam esses ajustes ainda durante as fases de cristalização, as quais são conhecidas como alterações deutéricas. Outras transformações ou formas de alterações se desenvolveram ou irão se desenvolver após o encerramento dos processos de cristalização e sempre que esses materiais deixarem seus ambientes de formação. Nesses casos, esses materiais passam por deslocamentos sempre em direção a níveis crustais mais elevados e como consequência da atuação de processos de soerguimentos e exumações, relacionados a erosões combinadas com a atuação de forças tectônicas, que normalmente envolvem falhamentos e transportes, às vezes por grandes extensões.

Posicionados próximos à superfície, esses materiais sofrem com a erosão e o intemperismo. Levando-se em conta fatores como tempo de duração e velocidade desses processos envolvendo as alterações de rochas, ainda que equilíbrios possam não ser totalmente alcançados nessas novas condições,

pode-se considerar que essas alterações serão tanto mais extensas e rápidas quanto mais altos forem os níveis crustais alcançados por esses materiais. Isso se dá pois, nesses casos, os materiais se deslocaram e alcançaram níveis crustais muito superiores e, portanto, foram colocados em contato com condições de temperatura e pressão muito inferiores em relação àquelas dos seus respectivos locais iniciais de formação. Reduções de temperatura, aumentos das concentrações de H_2O e de outros fluidos, ou condições mais oxidantes, são as causas mais frequentes para explicar as alterações observadas. Nesses casos em que as alterações dos materiais pétreos ocorrem no interior da crosta ou mesmo em sua superfície, mas sem envolver nenhuma interferência humana, dizemos que se trata de alterações ocorridas ao longo do tempo geológico e implicando a formação de minerais considerados secundários (Fig. 6.3A).

Em sequência, esses materiais, aflorantes ou posicionados em níveis muito próximos da superfície e já com algum grau de alterações, podem ser extraídos com diversas finalidades. Experimentando ou não algum tipo de beneficiamento, quando destinados a aplicações ornamentais ou de revestimento, esses materiais foram ou são expostos, agora como elementos de projetos arquitetônicos antigos ou contemporâneos. A partir dessas exposições, novas alterações e degradações têm início e começa-se a contar um novo tempo. Dessa forma, pode-se afirmar que, nesse novo tempo, essas alterações e degradações desenvolvidas têm a idade ou o tempo de duração desses projetos, ou o tempo do Homem (Fig. 6.3B), e somente estas serão consideradas e descritas a seguir.

6.3 Formas e padrões de degradações de materiais pétreos

Visando facilitar o trabalho de identificação das formas ou padrões de alterações e degradações em construções históricas ou contemporâneas, e que aqui serão apresentadas, assim como o entendimento sobre seus processos, serão considerados como referências termos e outras definições que constam do glossário do ICOMOS 2008 (Veregès-Belmin et al., 2008).

No entanto, como a preparação desse glossário levou em conta apenas exemplos observados em países europeus, onde a maior frequência de uso foi e ainda é para materiais sedimentares ou metamórficos de baixo grau (rochas moles), as definições propostas serão aqui estendidas para exemplos de degradações envolvendo rochas metamórficas de médio e alto graus, bem como o variado conjunto de rochas

Fig. 6.3 *Alterações envolvendo dissoluções e variações cromáticas em esteatitos. (A) Alterações observadas em afloramento como resultado da atuação de processos naturais (tempo geológico) na região de Santa Rita, distrito de Ouro Preto (MG); (B) alterações e degradações presentes em peças expostas de esteatitos utilizadas na produção de esculturas, Congonhas (MG). Notar que as alterações observadas em (B) são semelhantes àquelas observadas no afloramento (A), mas foram aceleradas em razão de 215 anos de exposição e das condições ambientais onde se encontra aplicado o bem pétreo*

ígneas plutônicas e vulcânicas, aplicadas no Brasil e em outros países.

Com relação aos termos e definições propostas pelo ICOMOS, são apresentadas a seguir aquelas que mais de perto interessam a este trabalho:

- *Alteração*: este termo deve ser empregado apenas para alterações de materiais pétreos aplicados e que se desenvolveram ao longo do tempo do Homem e de seus projetos. Trata-se de alteração que não necessariamente compromete o estado de conservação ou a qualidade da construção ou do monumento, podendo, no entanto, significar algum comprometimento estético. Revestimentos produzidos com material pétreo com, por exemplo, modificação cromática, em função da presença de micro-organismos ou da aplicação de determinados produtos, servem como exemplos para essas alterações, que não levam a deteriorações para edificações atuais ou monumentos históricos.

- *Degradação*: o conceito de degradação, por sua vez, e ao contrário da alteração, implica perda de capacidade de uso, em decorrência de modificações das propriedades intrínsecas dos materiais pétreos em função da atuação de fatores extrínsecos e outros. Isso significa perda de valor e pode levar a restrições de uso para o bem envolvido.

- *Deterioração*: na sequência, pode-se falar em deterioração de uma edificação ou de um monumento, envolvendo perda de qualidade, de valor e até de significado, por conta da atuação dos processos de degradação sobre construções e monumentos.

- *Dano*: uma vez que processos de degradação se instalam, levando a uma deterioração, as perdas podem ser, então, claramente percebidas, e nesses casos pode-se falar em dano. No glossário, é também adotado o termo *decay*, no sentido de decaimento em termos de qualidades, por exemplo. No entanto, no Brasil, *decay* é entendido como decaimento radioativo.

6.3.1 Fatores determinantes

Colocados os entendimentos sobre alguns termos e suas definições, mas antes de se tratar da petrografia das mencionadas alterações e degradações, devem ser inicialmente consideradas as conexões entre essas degradações e os fatores considerados determinantes para que elas aconteçam.

No âmbito dessas conexões, pode-se afirmar que os processos de degradação de materiais pétreos são influenciados pela atuação combinada de fatores identificados como intrínsecos e extrínsecos. Enquanto os primeiros relacionam-se com as características intrínsecas aos materiais, como composição mineralógica, porosidade e textura, os extrínsecos são determinados pelas condições do meio em que as rochas foram aplicadas.

Com relação aos extrínsecos, estes podem ser divididos em dois grupos: os chamados aleatórios e os constantes. Os aleatórios podem ser, por sua vez, subdivididos em (1) físicos, envolvendo tráfego e vibrações; (2) químicos, por meio de oxidações, dissoluções e hidrólise; e (3) biológicos, envolvendo ações de micro e macro-organismos. Já os identificados como constantes são influenciados pelo clima (Fig. 6.4) e se relacionam com umidade relativa do ar, temperatura, pressão atmosférica, radiação, regime de chuvas, ponto de orvalho, direção dos ventos e conteúdo da atmosfera, considerando-se a presença tanto de partículas sólidas quanto de vapores e gases (chuva ácida).

Fig. 6.4 *Influência do clima nos processos de degradação. Com base no conjunto de imagens envolvendo elementos do frontispício e da lateral da Igreja do Santuário do Bom Jesus, Congonhas (MG), é possível perceber variações cromáticas influenciadas pela ação de correntes de ventos com deposição de partículas, pela insolação e pela umidade. Na parte frontal, os blocos de granito de cor cinza-esbranquiçada adquiriram coloração alaranjada por deposições, reações e insolação, enquanto na parte posterior mantêm a coloração original nas partes superiores, mas apresentando coloração preta próxima ao piso e devida ao desenvolvimento de colônias de micro-organismos, onde é maior a umidade. Acervo do autor*

Outros fatores com forte influência sobre os processos de degradação dos materiais pétreos envolvem, por exemplo, a geometria das construções e o tipo das superfícies pétreas presentes nelas (se lisas ou rugosas), assim como a posição dessas construções com relação às interferências climáticas (regimes eólico e pluviométrico e grau de insolação). Completam esse conjunto os chamados fatores antropológicos, que envolvem vandalismo ou novas destinações de uso para construções históricas ou antigas, consideradas inadequadas em função de suas propostas iniciais, envolvendo ainda excesso de visitações ou de circulação.

6.3.2 Degradações para materiais pétreos aplicados

Tendo como base a classificação e os critérios de identificação de tipos ou padrões de degradação propostos pelo ICOMOS, serão apresentados a seguir exemplos notáveis de degradações para materiais pétreos de composições e origens diversas envolvendo construções no Brasil e em outras partes do mundo.

Como proposto pelo ICOMOS, as degradações aqui descritas foram igualmente agrupadas em famílias, quase sempre seguindo o critério da identificação segundo a forma e por meio de observações macroscópicas à vista desarmada.

1ª família: tipos de degradações produzidas por deformação ou por separação dos materiais pétreos em partes

- *Deformação*: essa degradação consiste em modificação plástica da forma resultando em encurvamento, côncavos ou convexos, ou torção do material pétreo, como apresentado na Fig. 6.5.
- *Separação*: essa degradação consiste na separação do material pétreo em partes, que poderá ser total ou não e é identificada pela presença de fendas visíveis à vista desarmada. Subtipos: (1) fratura – a fenda atravessa por completo o material pétreo (Fig. 6.6A); (2) fraturas em estrela – há presença de duas direções de fendas geradas por impacto mecânico ou a partir de material rico em ferro que sofreu dilatação (Fig. 6.6B); (3) fissura – as fendas são milimétricas, paralelas à estrutura da rocha e oblíquas à superfície do bloco (Fig. 6.6C); (4) *craquelê* – as fendas têm formato de rede ou são poligonais; (5) divisão ou clivagem – ocorrem separações de partes em blocos contendo descontinuidades, como microfissuras, estruturas planares ou acamamentos, e orientadas verticalmente em relação a esforços (Fig. 6.6D).

Fig. 6.5 *Deformação côncava de chapa de mármore. Nesse caso, observado no Cemitério do Bonfim, Belo Horizonte (MG), verifica-se que a deformação foi seguida por ruptura. Acervo do autor*

Fig. 6.6 Tipos de degradação por separações. (A) Fraturas em elementos escultórios que compõem a fachada da Igreja de São Francisco, Ouro Preto (MG); (B) fendas em formato de estrela envolvendo material granítico. Murada em Tis U Blatna, República Tcheca. Notar medida adotada para contenção de evolução do processo de desenvolvimento das fendas; (C) fissuras paralelas, perpendiculares e oblíquas com relação à estrutura da rocha e à superfície de blocos externos de granada gnaisse (leptinito), Teatro Municipal, Rio de Janeiro (RJ); (D) divisões com separações de partes dispostas na vertical e segundo estruturação planar presente na rocha, que é um xisto verde. Interior da Catedral de Notre Dame de Konstanz, Alemanha. Acervo do autor

2ª família: tipos de degradações resultantes de destacamentos (separações ou descolamentos)

- *Destacamento provocado por empolamento (blistering) prévio*: esse caso consiste no destacamento de camada superficial da rocha após elevação ou estufamento em forma hemisférica e oca (bolha) por algum processo expansivo e, eventualmente, pelo desenvolvimento externo de crostas negras (Fig. 6.7).
- *Destacamento segundo a estrutura do material pétreo*: esse caso ocorre em material laminado de origem sedimentar ou metamórfica. É também identificado como delaminação, esfoliação ou clivagem (Fig. 6.8).
- *Destacamento de grãos isolados ou agregados de grãos*: essa degradação pode afetar a superfície ou níveis profundos do material pétreo e é identificada como desagregação (desintegração, pulverização, perda de coesão). Ocorrem subtipos identificados como: (1) esboroamento, quando inferior a 2 cm, dependendo do tipo de rocha e do ambiente; (2) desagregação granular, que pode ocorrer tanto em sedimentares, como arenitos, quanto em granitos e outras

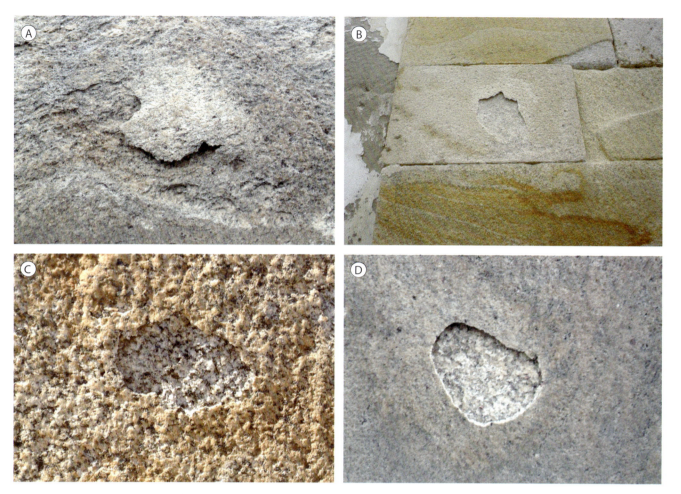

Fig. 6.7 Destacamentos após estufamentos em gnaisses e granitos brasileiros. Em gnaisses: (A) Igreja do Carmo, Rio de Janeiro (RJ), e (B) Igreja de Santa Cruz, Paraty (RJ). Em granitos: (C) Santuário do Bom Jesus, Congonhas (MG), e (D) Teatro Municipal do Rio de Janeiro, Rio de Janeiro (RJ). Acervo do autor

Fig. 6.8 Degradação por delaminação. O destacamento se dá segundo a estrutura da rocha, no caso fazendo parte de verga produzida em quartzito bandado. Portal do Cemitério do Carmo, Ouro Preto (MG). Acervo do autor

rochas ígneas e metamórficas. São empregados os termos pulverização para grãos muito finos, arenização para arenitos, quartzitos e granitos e ainda desagregação sacaroidal (*sugaring*) para mármores (Fig. 6.9).

- *Destacamento por escamação*: essa degradação é caracterizada por separação ou separações sub-milimétricas até centimétricas não controladas por estruturas do material pétreo. Subtipos: (1) escamação, quando o destacamento ocorre na forma de escamas finas ou encurvadas lembrando escamas de peixe (Fig. 6.10), ou (2) desplacamento contornante, quando o destacamento acompanha uma superfície pétrea (Fig. 6.11). No caso de superfícies planas, pode ser identificado apenas como desplacamento (*spalling*).

3ª família: degradações resultantes da perda de material

- *Perda por alveolização*: essa degradação consiste na perda de material com formação de cavidades interligadas ou não, com formas e dimensões variadas (Fig. 6.12A,B). Podem acompanhar estruturas preexistentes na rocha (estratificações) e ser métricas (Fig. 6.12C,D). Quando a perda envolve a desagregação de um bloco com formação de um só alvéolo ou cavidade a partir

Fig. 6.9 *Destacamentos por desagregação. Destacamentos por desagregação sacaroidal ou granular em material pétreo de composição calcária até calcarenítica observado em (A) estátua de mármore no cemitério do Bonfim, Belo Horizonte (MG); em (B) coluna em calcarenito no claustro do Convento de São Francisco de Olinda (PE); e em (C) verga calcária do portal da Santa Casa de Misericórdia de São Cristovão (SE). Acervo do autor*

Fig. 6.10 *Destacamento por escamação. Destacamentos por escamação paralela à superfície de blocos para diferentes tipos de materiais pétreos: (A) arenito, como em blocos da Festung de Würzburg, Alemanha, e da Sé de Silves, Portugal; (B) calcários das portadas das igrejas de São Sebastião de Albufeira, Portugal, e Carmo de João Pessoa (PB); (C) granitos na Sé de Évora e no prédio do Banco de Portugal em Braga, Portugal; (D) mármore em revestimentos internos na Igreja do Caraça (MG); e (E) quartzito em revestimentos externos de construções em Ouro Preto (MG). Acervo do autor*

Fig. 6.11 Destacamentos por desplacamento contornante. Acompanhando superfícies planas de bloco de gnaisse leptinito na Igreja da Candelária, Rio de Janeiro (RJ), ou bloco de arenito Itararé em colunas do Teatro Municipal de São Paulo, São Paulo (SP). Acervo do autor

Fig. 6.12 Alveolizações. Por formação de cavidades em calcários, como (A) na pia de água benta na Igreja de São Pedro, Recife (PE), e (B) na porta lateral na Sé de Lisboa, Lisboa, Portugal. Ainda envolvendo calcários, as perdas podem ser influenciadas por estratificações de dimensões reduzidas, como (C) na parede na Comburg Landesakademie, Schwäbisch Hall, Alemanha, ou métricas, como (D) na parte interna de murada em Alhambra, Granada, Espanha

Fig. 6.12 *(cont.) Em (E, F) têm-se exemplos de alveolização do tipo escavado em blocos de basalto, utilizados em construção em Reykjavik, Islândia, e em blocos de arenito da Catedral de Leon, Espanha. Acervo do autor*

de um dos seus cantos, a estrutura é identificada como escavada, podendo apresentar-se emoldurada, quando associada a outro material mais resistente (Fig. 6.12E,F).

- *Perda por erosão*: essa degradação consiste na perda de material na superfície original do material pétreo, o que pode levar à suavização de contornos. Pode envolver ainda subtipos como: (1) erosão diferencial, quando da presença de minerais, fósseis ou outras estruturas com diferentes resistências aos processos erosivos (Fig. 6.13A), e que pode provocar perda de componentes ou de matriz para uma rocha; (2) arredondamento, quando a erosão é preferencial para cantos ou quinas originais da rocha (Fig. 6.13B). O processo é mais frequente em rochas com tendência à desintegração granular ou quando as condições ambientais favorecem essa desintegração (Fig. 6.13C).

Fig. 6.13 *Perdas por erosão. No primeiro caso (A), observa-se erosão diferencial em função da presença de estratificações em bloco de quartzito situado em área externa da Igreja do Carmo de Ouro Preto (MG); as perdas também podem produzir arredondamentos nas quinas de blocos, como (B) nos de granitos e gnaisses de edificações em Paraty (RJ); em (C), condições ambientais provocaram a desintegração de matriz de rocha conglomerática, o que está levando à desagregação de clastos da base direita e gerando riscos para a sustentação de arco produzido em mármore, em construção histórica de Aspendos, Turquia. Acervo do autor*

- *Perda por ação mecânica*: nesse caso, a degradação consiste na perda de material por impacto de corpo duro, por abrasão, pela ação de material pontiagudo ou cortante (Fig. 6.14).
- *Perda por dissolução*: também identificado como microcarsificação, esse tipo de perda é seletivo e, normalmente, resulta da dissolução de material calcário, provocando o aparecimento de uma rede de depressões milimétricas até centimétricas interconectadas (Fig. 6.15).
- *Perda por desaparecimento de partes*: é representada por espaços atualmente vazios, mas anteriormente ocupados por partes de pedra (lacunas). No caso de esculturas com suas partes salientes (dedos, narizes etc.), estas constituem os locais mais apropriados para faltas ou desaparecimento de partes (Fig. 6.16).
- *Perda por perfurações*: trata-se de perdas causadas por perfurações milimétricas a centimétricas feitas por algum instrumento afiado e pontiagu-

Fig. 6.14 Exemplos de perdas por ação mecânica. (A) Perda por impacto mecânico em coluna de gnaisse da matriz de Baependi (MG); (B) perda por desgaste gerando depressão de parte do pavimento em calcário provocada por abrasão em função de deslocamentos de pedestres em construção da Ilha de Korčula, Croácia; (C) perda mecânica de parte de coluna externa construída em xisto verde na Igreja de São Francisco, São João del Rey (MG). Acervo do autor

Fig. 6.15 Perda por dissolução. No caso exemplificado, a perda envolveu alteração diferencial e dissolução de material calcário, como observado em pia de água benta construída com a utilização de calcário fossilífero. Igreja do Carmo, Rio de Janeiro (RJ). Acervo do autor

Fig. 6.16 *Desaparecimento de partes. São muitas as perdas por desaparecimento de partes, normalmente envolvendo alguma ação mecânica. Aqui, são mostradas perdas de dedos, pontas de queixos e partes nasais envolvendo elementos produzidos em esteatito e presentes no conjunto de esculturas dos profetas expostos no adro do Santuário do Bom Jesus, em Congonhas, e no medalhão do frontispício da Capela de São Francisco, em Ouro Preto, ambos em Minas Gerais. Acervo do autor*

do (apicoamento) ou criadas por algum animal. São mais profundas do que largas e penetram no corpo da rocha (Fig. 6.17).

- *Perda com formação de sulcos (pitting):* nesse caso, a perda se dá com a formação de cavidades rasas, milimétricas a submilimétricas, lembrando pontos gerados por corrosão. Tem geralmente a forma cônica ou cilíndrica e não estão interconectadas. Resultam de deteriorações parciais ou seletivas e podem ser induzidas química ou biologicamente, principalmente em calcários (Fig. 6.18). Podem resultar da aplicação de métodos abrasivos de limpeza.

Fig. 6.17 *Perdas por perfurações. Em (A), perdas por impacto de objeto pontiagudo em blocos de xisto verde presentes no Chafariz de Diamantina (MG); em (B), perdas por ação de abelhas em blocos de arenito, que se encontram em paredes externas do Castelo de Laxenburg, Viena, Áustria. Acervo do autor*

Fig. 6.18 *Perda por sulcos. Exemplo para a formação de sulcos cônicos, rasos e não conectados com perda de material em blocos de calcário presentes na Fortaleza de Santa Catarina, Cabedelo (PB). Acervo do autor*

4ª família: degradações por alterações cromáticas e formação de depósitos

- *Crosta*: tipo de degradação que resulta da acumulação de materiais na superfície da parte pétrea, representados por depósitos exógenos (partículas de fuligem, por exemplo) em combinação com materiais provenientes da própria rocha (gypisum, por exemplo). É normalmente escura (crosta negra), mas ocorrem aquelas com cores claras. Pode ter espessura homogênea acompanhando a superfície da rocha ou irregular, e, desse modo, pode causar perturbação para a leitura de detalhes na superfície afetada. Crostas negras são típicas de ambientes urbanos poluídos e podem estar fraca ou fortemente ligadas aos substratos (Fig. 6.19). Crostas salinas, constituídas por sais solúveis, também podem se formar como consequência de ciclos ou alternâncias de períodos secos e úmidos (secagem e molhagem).

- *Depósito*: nesse caso, a degradação pode resultar tanto da acumulação de materiais exógenos (excrementos etc.) quanto da alteração da própria rocha. Podem apresentar espessuras variadas (Fig. 6.20).

- *Alteração cromática ou descoloração*: nesse caso, a degradação resulta de mudança da cor da rocha e envolve parâmetros tais como tonalidade (matiz), brilho (escuro ou claro), saturação (alta ou baixa) e cor. Apresenta os seguintes subtipos: (1) coloração (*colouration*), que consiste na mudança em todos os parâmetros das cores (tonalidade, brilho e saturação); (2) descoloração ou clareamento (*bleaching*), representado por desvanecimento da cor pela exposição ao tempo, por alteração de minerais com redução do Fe ou Mn ou pela perda de polimento etc. (Fig. 6.21A); (3) alteração em área com umidade constante (*moist area*) resultando, normalmente, no escurecimento da cor na superfície da rocha

Fig. 6.19 *Exemplos de crostas negras. Presentes em material calcário: (A) busto de D. Pedro II, Maceió (SE); (B) lápide em mármore branco do cemitério de Barbacena (MG); e (C) alto-relevo em área externa da Catedral de San Estefan, Viena, Áustria. Presente em gnaisse leptinito: (D) frontispício da Igreja do Carmo, Rio de Janeiro (RJ). Notar que as crostas se desenvolvem melhor em áreas mais protegidas com relação à ação da água. Acervo do autor*

(Fig. 6.21B); (4) manchamento (*staining*), que consiste na perda ou alteração da cor, de maneira acidental ou provocada. Embora limitados a pequenas áreas, manchamentos comprometem a aparência do material pétreo (Fig. 6.21C).

Fig. 6.20 *Degradação por deposições. Em (A), tem-se depósito formado por material da própria rocha degradada, como é o caso do calcarenito na Hermesvilla, Viena, Áustria; em (B), os depósitos são excrementos acumulados em escultura de material calcário em Sevilha, Espanha. Acervo do autor*

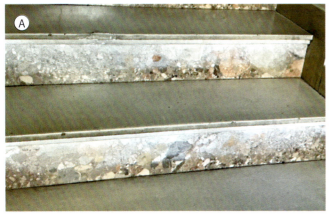

Fig. 6.21 *Degradações por alteração cromática. Em (A), têm-se clareamentos ou desvanecimentos da cor nas partes superiores de espelhos de uma escada revestidos em Brecha da Arrábida, São Paulo (SP), ou ainda em peças de mármore Rosso di Verona utilizados no revestimento do frontispício da Igreja de Santa Maria Maggiore, Bolonha, Itália; em (B), a alteração foi provocada por umidade em granitos, um aplicado em revestimento de piso de área interna em edificação em Belo Horizonte e outro como elemento estruturante externo da Igreja Matriz da Conceição, Conselheiro Lafaiete (MG)*

Fig. 6.21 (cont.) Em (C), as alterações se deram por manchamentos provocados por oxidação do ferro em contato com quartzito em edificação de São João Del Rey (MG) ou, ainda, por alteração de bronze em contato com mármore, como no Túmulo de Gay Lussac, Cemitério Père La Chaise, Paris, França. Acervo do autor

- *Eflorescência*: essa degradação é representada pelo resultado de evaporação de água salina presente na estrutura de poros do material pétreo, com cristalização na superfície dele. Geralmente o material cristalizado é esbranquiçado, mostra baixa coesão, podendo mesmo ser pulverulento ou filamentoso (Fig. 6.22).
- *Incrustação*: nesse caso, a degradação resulta da forte aderência ou deposição de minerais (inicialmente em solução) na parte externa da pedra, e a morfologia e a cor das incrustações

Fig. 6.23 Incrustação. No caso estudado, o material apresenta coloração esbranquiçada e está fortemente aderido à superfície de gnaisse do tipo facoidal. Associadas se encontram concreções do tipo estalactite. Interior da Fortaleza de Santa Cruz, Niterói (RJ). Acervo do autor

se destacam claramente na superfície pétrea. Constituem depósitos de materiais (carbonatos, sulfatos, óxidos metálicos e sílica) mobilizados por percolação de água. Podem ser provenientes tanto do próprio material pétreo quanto de outros materiais da construção onde se encontram. Podem formar estalagmites e estalactites (Fig. 6.23).

- *Brilho*: nesse caso, a modificação cromática dá-se pela presença de aspecto acetinado ou brilhante presente na superfície da pedra, que acaba por refletir total ou parcialmente a luz. A superfície se parece com um espelho. Esse aspecto é mais intenso quanto mais intenso for o polimento da pedra (Fig. 6.24).
- *Grafite*: nesse caso, são consideradas degradações aqueles tipos que resultam de ato de vandalismo, embora alguns tenham controvertido valor histórico. Pode envolver a aplicação na superfície da pedra de desenhos, gravuras, riscos, aplicações de material de pintura, tintas ou materiais similares (Fig. 6.25).

Fig. 6.22 Eflorescência. No caso, observa-se eflorescência por acumulação de material fino e pulverulento na superfície quartzítica em portal de acesso ao cemitério da Igreja do Carmo, Ouro Preto (MG). Acervo do autor

Fig. 6.24 Alteração por polimento. A degradação é indicada pela presença de superfície brilhante em (A) material calcário, como no calçamento de passeio em Lisboa, Portugal, e em (B) material basáltico empregado no calçamento de rua em Roma, Itália. Acervo do autor

Fig. 6.25 Alteração cromática por grafite. Os casos apresentados se enquadram como vandalismos e demandam sempre alguma ação de limpeza. Em (A), o grafite foi aplicado em blocos de arenito ferruginoso na Fortaleza de São José, Macapá (AP); em (B), a alteração afetou blocos de granito que compõem o monumento em homenagem ao Barão do Rio Branco, Rio de Janeiro (RJ). Observar, para o caso do Rio de Janeiro, o aspecto do granito após processo de limpeza realizado em 2015. Acervo do autor

- *Patina*: essa alteração é representada por uma modificação cromática do material pétreo, ocorrendo na forma de finas películas, que não constituem crostas ou depósitos. Geralmente resultam de envelhecimento natural ou artificial, não envolvendo, na maioria dos casos, deterioração da superfície da pedra. No caso das patinas, é importante destacar a possibilidade de identificação das características físicas superficiais da pedra (granulação, formas de grãos etc.). Ocorrem os seguintes subtipos: (1) patina rica em ferro (*Iron rich patina*), representada por fina camada natural preta até marrom, rica em minerais de ferro e argilosos, presente em monumentos em área externa e com desenvolvimento uniforme na superfície da rocha (Fig. 6.26A); (2) patina de oxalatos (*Oxale patina*) representada por camada laranja até marrom, fina e enriquecida em oxalatos de cálcio. Pode ser observada em materiais do tipo mármores e calcários, normalmente em ambientes externos (Fig. 6.26B).

- *Sujidade*: essa degradação resulta da deposição de finas partículas exógenas, por exemplo, de fuligem. Formando finas camadas, estas conferem uma aparência suja à superfície da pedra. Nesse caso, essas camadas não têm a espessura das crostas e dos depósitos, mas com o tempo podem se transformar em crostas ou depósitos (Fig. 6.27).
- *Subeflorescência*: essa degradação resulta da evaporação de água salina com cristalização de sais nos poros da rocha, que, por sua vez, podem provocar esfoliações, escamações ou até lascagens. Essa forma é também conhecida como criptoeflorescência. É normalmente branca, tem baixa adesividade e permanece escondida até que a camada superior ou externa se desprenda (Fig. 6.28).

5ª família: degradações por colonização biológica

As degradações por colonização biológica, ou biodegradação, acontecem por conta do contato de plantas e micro-organismos, como bactérias, cianobactérias, algas, fungos, musgos e liquens, com os materiais pétreos. A presença de outros organismos, como

Fig. 6.26 *Patina. Alterações por patina estão presentes em aplicações externas, como é o caso (A) de patinas ricas em ferro observadas na estátua de Carlos V (calcário) em Toledo, Espanha, e em algumas das esculturas do conjunto de profetas (esteatito) que se encontra no adro do Santuário do Bom Jesus, Congonhas (MG). Um exemplo (B) para patina formada por oxalatos foi observado em tampo de mármore de túmulo no cemitério do Bonfim, Belo Horizonte (MG). Acervo do autor*

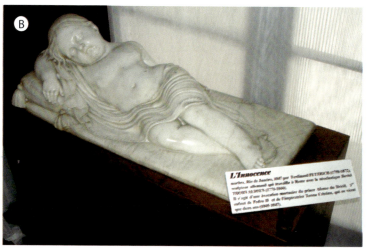

Fig. 6.27 Sujidade. No caso tem-se em (A) material granítico apresentando áreas com sujidade e outras com transição para crosta negra, em especial na base do conjunto presente no frontispício da Igreja de São Francisco do Porto, Portugal; em (B), sujidade presente em imagem mortuária em mármore do príncipe Afonso do Brasil, Castelo D'Eu, Eu, França. Acervo do autor

Fig. 6.28 Subeflorescência. Exemplos para materiais areníticos ferruginosos. Em (A), notar a presença de áreas esbranquiçadas resultantes da concentração de sais no interior da rocha, que acabaram por provocar destacamentos em blocos do muro do Teatro Amazonas, Manaus (AM), e, em (B), presença em blocos laterais da escada interna da Catedral de Estrasburgo, Estrasburgo, França. Em (A), notar a presença de crosta e de arenização. Acervo do autor

animais, que formam ninhos e habitam espaços na superfície ou no interior de peças produzidas em pedra, também contribuem com essas degradações.

As algas são organismos microscópicos facilmente encontrados em construções, tanto em ambientes internos quanto externos, desde que os substratos tenham permanecido úmidos por longos períodos. No processo de degradação do material pétreo, elas contribuem por meio de suas atividades respiratórias, pois retêm água e liberam ácidos. Do conjunto, aquelas denominadas epilíticas são as mais comuns. Formam patinas ou películas que variam em espessura, extensão, cor e consistência e mostram boa aderência aos substratos. Em ambientes com iluminação reduzida e maior umidade, apresentam coloração verde, mas também podem ser róseo-avermelhadas, amareladas e alaranjadas. Quando submetidas à radiação solar, mostram coloração preta (Fig. 6.29). Outro conjunto de algas, denominadas endolíticas, promove dissoluções de carbonatos, o que leva à formação de cavidades em materiais ricos nesses minerais.

Fig. 6.29 Colonização biológica. Biodegradações por presença de micro-organismos (algas de coloração rósea) podem ser observadas em blocos de material calcário no interior das instalações do Conjunto Franciscano de João Pessoa (PB). Em áreas com muita insolação, as colônias de algas mostram coloração preta, enquanto em áreas internas e úmidas a coloração é esverdeada. Notar resultado de processo de limpeza da coluna anteriormente tomada por colonização preta na sua parte inferior. Acervo do autor

Os liquens, por sua vez, podem ser descritos como organismos que se desenvolvem em superfícies externas. Ocorrem na forma de crostas ou de manchas arredondadas e espessas, milimétricas até centimétricas, cujas terminações podem penetrar até muitos milímetros na rocha. Podem apresentar coloração cinza, laranja, amarela, verde ou preta. Todo líquen representa o crescimento simbiótico de um fungo, uma alga verde ou uma cianobactéria. Normalmente se desenvolvem em ambiente puro, mas podem crescer bem em presença de poluentes como óxidos de nitrogênio derivados de veículos ou da agricultura (Fig. 6.30).

Outro micro-organismo que pode estar presente é o lodo ou musgo, podendo constituir coberturas centimétricas, leves e verdes (Fig. 6.31A). Geralmente se mostra como um arranjo formado por microfolhas (sub- até milimétricas) hermeticamente ajuntadas. Podem crescer em superfícies, cavidades, fraturas etc., desde que com umidade presente, e apresentam mudanças de cor em função da disponibilidade de água. Sua presença contribui para a formação de um microssolo entre a sua base e a superfície da rocha e pode ainda provocar variações cromáticas e redução de resistências para os materiais pétreos. Já no conjunto das plantas, as árvores, samambaias ou ervas diversas são os tipos mais comuns, e, quando completas, mostram raízes, troncos ou caules e folhas. Na ausência de manutenções, essas plantas podem se desenvolver em locais nos quais a água esteja disponível, como telhados, articulações e fraturas. Com o crescimento de raízes, estas podem provocar a formação de fendas e fraturas, com quebra da pedra, de paredes etc. (Fig. 6.31B). Por sua vez, os fungos, conforme descrito no glossário do ICOMOS, são igualmente microscópicos, e suas colônias, à vista desarmada, parecem-se com redes ou com manchas em formato de estrela e formadas por filamentos de cores diversas (branca, cinza e preta). Podem penetrar profundo no substrato da rocha e provocar sérios danos com ações químicas e mecânicas. Ocorrem associados com colônias de algas.

Após essa apresentação de casos envolvendo degradações individuais, merece destaque a constatação de que geralmente vários tipos de degradações

Fig. 6.30 Liquens e outros micro-organismos presentes nas superfícies pétreas. Em (A) se observam exemplos de liquens presentes em rochas expostas em ambientes naturais; em (B), os liquens se encontram presentes em áreas externas de edificações e em outros elementos construídos em pedra. Acervo do autor

para materiais pétreos podem ser identificados em uma única edificação ou monumento. Normalmente, esses processos mostram alguma relação, em que um acaba por provocar o desenvolvimento de outro. A seguir, são apresentadas informações sobre quatro casos envolvendo associações de processos de degradação.

Casos

1. Igreja da Ordem Terceira do Carmo, Rio de Janeiro. Na sua construção, entre 1755 e 1770, foram utilizados blocos de gnaisse, principalmente do tipo facoidal. O frontispício e uma das laterais da edificação apresentam degradações múltiplas envolvendo destacamentos diversos, empola-

Fig. 6.31 Exemplos de degradações que vão das coberturas de organismos vegetais milimétricos (lodo) até aqueles com raízes, caules e folhas. Em (A), têm-se exemplos de lodo ou musgo desenvolvidos em material calcário em baldrame de Igreja em Dieppe, França, e em estátua em Sigmaringen, Alemanha; em (B), os exemplos envolvem degradações provocadas em edificações pela ação de organismos vegetais de grandes dimensões, como na Igreja do Carmo, Belém (PA), e em muro externo da Fortaleza de São José, Macapá (AP). Acervo do autor

mentos, desplacamentos em superfícies planas, perdas por erosão e por ação mecânica, alterações cromáticas por formação de crostas negras, por umidade, por depósito, por grafite e por sujidades, além de efeitos causados por colonizações biológicas (Fig. 6.32).

Fig. 6.32 *Degradações mais frequentes observadas na Igreja da Ordem Terceira do Carmo, Rio de Janeiro (RJ). Acervo do autor*

2. Esfinge do Planalto de Gizé. Esculpida *in situ* há cerca de 4.500 anos, a esfinge é formada por níveis calcários com diferentes graus de resistência, o que em parte já explica seus diferentes graus de degradação. A parte intermediária da estátua é formada por uma série de camadas com alternância de calcários macios e duros, visíveis na fotografia, e com presença de margas e material argiláceo em direção ao topo. A parte superior, incluindo pescoço e cabeça, é formada por calcários mais resistentes, mas apenas na altura da cabeça. No conjunto, o monumento apresenta evidências para fratura, destacamento por fragmentação com lascamento, variação cromática, desagregação granular ou arenização, perdas por ação mecânica (abrasão), por erosão com arredondamentos e por desaparecimento de partes, com lacunas e faltas (Fig. 6.33).
3. Uma escultura na região de Tis U Blatna, República Tcheca. O conjunto observado é formado por estátua e pilastra. Datado do século XVIII, foi construído com a utilização de arenito arcosiano, que, por condições na área de onde foi extraído, já apresentava facilidade para a instalação de degradações. Foram identificadas as seguintes degradações: fratura, crosta negra, colonização biológica, escamação e perda (Fig. 6.34).
4. Uma edificação contemporânea em Belo Horizonte (MG). Nessa edificação, da segunda metade do século XX, tanto as fachadas quanto parte do piso externo foram revestidas por chapas de cordierita gnaisse com coloração cinza-esverdeada. Atualmente, são observadas as seguintes degradações: eflorescências, empolamento, escamação e alterações cromáticas. As alterações cromáticas envolvem descoloração e manchamentos por umidade e oxidação (Fig. 6.35).

Fig. 6.33 *Degradações da Esfinge do Planalto de Gizé, Egito. Acervo do autor*

Fig. 6.34 *Processos envolvendo a degradação de uma escultura no entorno de uma capela em Tis U Blatna, República Tcheca. Acervo do autor*

Fig. 6.35 *Edificação contemporânea em Belo Horizonte e suas degradações. Acervo do autor*

Derrames ankaratríticos intercalados por níveis piroclásticos, mostrando retrabalhamento destes (detalhe acima) na Ponta do Capim-Açu – Fernando de Noronha, Pernambuco. Acervo do autor

REFERÊNCIAS BIBLIOGRÁFICAS

ALLARD, B.; SOTIN, C. Determination of Mineral Phase Percentages in Granular Rocks by Image Analysis on a Micro Computer. *Computer and Geosciences*, v. 14, p. 261-269, 1988.

ALMEIDA, T. V. C. de. *A cantaria policromada dos conventos franciscanos da Província de Santo Antônio do Nordeste nos séculos XVII e XVIII*. 2016. Tese (Doutorado) – Universidade Federal da Bahia, 2016. p. 123-133.

CARNEIRO, C. dal R. et al. *Tipos de foliações*. 2003. Disponível em: <http://www.ige.unicamp.br/site/aulas/87/FOLIACOES.pdf>. Acesso em: 23 mar. 2012.

CASAL MOURA, A.; CARVALHO, C. Síntese das características dos mármores e dos calcários portugueses. In: CASAL MOURA, A. (Ed.). *Mármores e calcários ornamentais de Portugal*. INETI, 2007. p. 312-348. ISBN 978-972-676-204-1.

COSTA, A. G. *Petrologie und geochemische Untersuchungen des Gneis-Migmatit-gebietes von Itinga, Jequitinhonha-Tal, Nordöstliches Minas Gerais, Brasilien*. 1987. 288 f. Tese (Doutorado) – Universidade Técnica de Clausthal-Zellerfeld, Clausthal-Zellerfeld, 1987.

COSTA, A. G. *Rochas e histórias do patrimônio cultural do Brasil e de Minas*. Rio de Janeiro: Bem-Te-Vi, 2009. 292 p.

DEER, W. A.; HOWIE, R. A.; ZUSSMAN, J. *An Introduction to the Rock-forming Minerals*. Harlow: Longman Scientific & Technical, 1992. 696 p.

DEL LAMA, E. A. et al. Impactos do intemperismo no arenito de revestimento do Teatro de São Paulo. *Revista do Instituto de Geociências – USP*, Sér. Cient., São Paulo, v. 8, n. 1, p. 75-86, 2008.

DELGADO RODRIGUES, J. Defining, Mapping and Assessing Deterioration Patterns in Stone Conservation Projects. *Journal of Cultural Heritage*, v. 16, n. 3, p. 267-275, 2015.

FISHER, R. V.; SCHMINCKE, H. U. *Pyroclastic rocks*. Berlin: Springer-Verlag, 1984. 472 p.

FITZNER, B.; HEINRICHS, K. Damage Diagnosis on Stone monuments – Weathering Forms, Damage Categories and Damage Indices. In: PRIKRYL, R.; VILES, H. A. (Ed.). *Understanding and Managing Stone Decay*: Proceedings of the International Conference "Stone weathering and atmospheric pollution network (SWAPNET 2001)". Prague: Charles University; The Karolinum Press, 2002. p. 11-56. Disponível em: <http://www.stone.rwth-aachen.de/download.htm>.

HATCH, F. H.; WELLS, A. K.; WELLS, M. K. *Petrology of the Igneous Rocks*. London: Allen & Unwin, 1987. 551 p.

HIBBARD, M. J. *Petrography to Petrogenesis*. New Jersey: Prentice Hall, 1995. 587 p.

HUTCHINSON, C. S. *Laboratory Handbook of Petrographic Techniques*. New York: Wiley & Sons, 1974. 527 p.

LE MAITRE, R. W. (Ed.). *A Classification of Igneous Rocks and Glossary of Terms*. 2. ed. Cambridge: Cambridge University Press, 2003. 236 p.

MACKENZIE, W. S.; DONALDSON, C. H.; GUILFORD, C. *Atlas of Igneous Rocks end their Textures*. London: Longman, 1982. 148 p.

MITCHELL, R. H. *Kimberlites*: Mineralogy, Geochemistry, and Petrology. New York: Plenum Press, 1986. 442 p.

MIYASHIRO, A. *Metamorphism and Metamorphic Belts*. London: Allen & Unwin, 1973. 492 p.

NIGGLI, P. Die quantitative mineralogische klasifikation der eruptigesteine. *Schweizerische Mineralogische und Petrographische Mitteilungen*, 11, p. 296-364, 1931.

PICHLER, H.; SCHMITT-RIEGRAF, C. *Gesteisnbildende Minerale im Dünnschliff*. Stuttgart: Ferdinand Enke Verlag, 1987. 230 p.

SHELLEY, D. *Igneous and Metamorphic Rocks under the Microscope*: Classification, Textures, Microstructures, and Mineral Preferred OrientationsBook. London: Chapman & Hall, 1993. 445 p.

SPRY, A. *Metamorphic Textures*. London: Pergamon, 1979. 350 p.

STRECKEISEN, A. Classification and Nomenclature of Volcanic Rocks, Lamprophyres, Carbonatites, and Melilitic Rocks: Recommendations and Suggestions of the IUGS Subcommission on the Systematic of Igneous Rocks. *Geology*, n. 7, p. 331-335, 1979.

STRECKEISEN, A. Plutonic Rocks: Classification and Nomenclature Recommended by the IUGS Subcommission on the Systematics of Igneous Rocks. *Geotimes*, v. 18, n. 10, p. 26-30, 1973.

STRECKEISEN, A. To Each Plutonic Rock its Proper Name. *Earth Science Reviews – International Magazine for Geo-Scientists*, Amsterdam, v. 12, p. 1-33, 1976.

VENEZIANI, G. *Programa de história oral*. Depoimento. Brasília: Arquivo Público do Distrito Federal, 1989. 23 p.

VEREGÈS-BELMIN V. et al. *Illustrated Glossary on Stone Deterioration Patterns*. ICOMOS-ISCS, 2008. 78 p. ISBN 978-2- 918068-00-0.

WILLIAMS, H.; TURNER, F. J.; GILBERT, C. M. *An Introduction to the Study of Rocks in Thin Sections*. 2. ed. San Francisco: W. H. Freeman and Company, 1982. 626 p.

WINKLER, H. G. F. *Petrogenesis of Metamorphic Rocks*. Berlin: Springer, 1974. 316 p.

YARDLEY, B. W. D. *An Introduction to Metamorphic Petrology*. Singapure: Longman, 1990. 242 p.

ZWART, H. J. Metamorphic History of the Central Pyrinees. II. Valle de Aran. Leidse Geol. Meded., v. 28, p. 321-376, 1963.

Fotomicrografias de granulito de alta pressão constituído por cianita, K-feldspato e granada da região Leste de Minas Gerais [nicóis cruzados – 25x]

ANEXO A – ROTEIRO PARA DESCRIÇÕES PETROGRÁFICAS DE ROCHAS ÍGNEAS E METAMÓRFICAS*

*Para uma correta caracterização petrográfica, devem ser consideradas descrições de mais de uma seção delgada para cada rocha a ser pesquisada, compatíveis com a granulação e a distribuição de seus minerais constituintes.

1 Objetivo

Discriminar com que objetivo a descrição será efetuada, destacando eventuais detalhamentos. Por exemplo: determinação da composição mineralógica e das feições texturais, com ênfase para a identificação de processos de alteração; ou descrição com vistas à utilização do material pétreo enquanto material ornamental ou de revestimento.

2 Metodologia

Indicar se os procedimentos seguiram alguma norma, como, por exemplo, a da ABNT e específica para caracterização petrográfica.

2.1 Material encaminhado

Descrever a amostra enviada, com destaque para suas dimensões, considerando se são adequadas para as análises macro e microscópica.

2.2 Caracterização macroscópica

Descrição da amostra encaminhada, com ênfase para a coloração e a presença ou ausência de estruturas e outras feições macroscópicas notáveis ou consideradas importantes para sua identificação. A identificação da cor no estado úmido é importante para materiais pétreos a serem utilizados como material ornamental, pois ela se aproxima da cor desses materiais após beneficiamento por polimento.

2.2.1 Cor no estado úmido

Identificação da coloração da rocha umedecida e em função dos minerais presentes e da atuação de processos de alteração (exemplos: feldspatos esbranquiçados, quartzo acinzentado, granada avermelhada etc.).

2.2.2 Cor no estado seco

Identificação da coloração da rocha no estado seco e em função dos minerais presentes e da atuação de processos de alteração (exemplos: feldspatos esbranquiçados, quartzo acinzentado, granada avermelhada etc.).

2.2.3 Estrutura

Identificação e descrição de estruturas presentes na amostra de rocha a ser analisada, tais como as estruturas planares e lineares de rochas metamórficas, ou aquelas geradas por fluxo nas rochas ígneas, bem como a presença de cavidades e se vazias (vesículas) ou preenchidas (amígdalas) em rochas ígneas etc.

2.3 Caracterização microscópica

2.3.1 Análise textural

Descrição detalhada de todas as feições ou arranjos texturais envolvendo as fases minerais presentes na rocha, com informações sobre granulação, tipos de contatos, sequência de cristalização, presença de estruturas microscópicas e outras informações consideradas relevantes, levando-se em conta o objetivo da descrição.

2.3.2 Mineralogia

Identificação e descrição detalhada das fases minerais, com informações sobre propriedades ópticas, formas e eventuais relações com outros minerais. É relevante proceder à distinção entre minerais primários e secundários. Para o caso das rochas ígneas, e considerando-se o grupo dos primários, é importante fazer a distinção entre aqueles considerados essenciais, ou importantes para a caracterização petrográfica e que dão nomes às rochas, e os minerais chamados acessórios, que, por conta dos seus baixos conteúdos, raramente interferem na denominação petrográfica, salvo alguns casos raros.

2.3.2.1 Essencial

Rochas ígneas: feldspatos alcalinos, plagioclásios, olivinas, augita, egirina, bronzita, enstatita, hornblenda, biotita, muscovita, granada, cordierita, sillimanita etc.

Rochas metamórficas: estaurolita, andaluzita, cianita, sillimanita, cordierita, granadas, cloritoide, stilpnomelano, epidotos, talco, actinolita, hornblenda, cummingtonita, glaucofana, lawsonita, prehnita, pumpeliíta, escapolita, wollastonita, jadeita, diopsídio, hyperstênio, grafita, rutilo, ilmenita etc.

2.3.2.2 Acessória

Rochas ígneas: zircão, apatita, titanita, rutilo, ilmenita, magnetita, turmalina, sulfetos etc.

2.3.2.3 Secundária

Rochas ígneas e metamórficas: clorita, sericita, epidoto, albita, serpentina, carbonatos, anfibólios, zeólitas etc.

2.3.3 Processos secundários

Uma vez identificadas as fases minerais secundárias, é importante proceder a uma detalhada descrição das relações entre essas fases minerais e os minerais primários, com identificação dos processos envolvidos (sericitização de feldspatos, serpentinização de olivinas e piroxênios, cloritização de anfibólios, de granadas e biotitas, uralitização de piroxênios etc.).

2.3.4 Análise modal/estimativa visual

A partir da análise modal, com contagem de pontos, ou por estimativa visual, quando aquela não for possível, é preciso informar-se sobre os conteúdos dos minerais presentes na rocha e importantes para as caracterizações petrográficas.

2.3.5 Estado microfissural

Informações sobre o estado microfissural da rocha em observação, considerando as microfissuras inter e intragranulares, são importantes para avaliações preliminares sobre o tipo de aplicação pretendida.

3   Resultados-conclusões

Com base apenas nos dados petrográficos levantados, deve-se dar um nome ao material analisado, observando-se as regras para a denominação de rochas, conforme sejam ígneas ou metamórficas.

ANEXO B – ROTEIRO COM PROCEDIMENTOS PARA A IDENTIFICAÇÃO DE TIPOS OU PADRÕES DE DEGRADAÇÕES

Padrões ou tipos de degradações que afetam materiais pétreos aplicados em construções históricas e contemporâneas podem ser observados e identificados à vista desarmada. Dessa forma, essa avaliação ou análise pode ser considerada não destrutiva.

O trabalho nessa fase de identificação deve envolver as seguintes etapas:

1a. Investigações *in situ*, com a aplicação de métodos não destrutivos, tais como:

- descrição macroscópica visando a identificação dos tipos litológicos por meio de seus constituintes mineralógicos essenciais;
- descrição macroscópica visando a identificação dos tipos ou padrões de alteração e de degradação, com separação entre processos que levam ou não à deterioração das edificações ou monumentos.

2a. Realização de ensaios para a caracterização tecnológica dos materiais descritos. Nessa etapa, podem ser levantadas informações detalhadas sobre a mineralogia e as texturas (descrição petrográfica) desses materiais, bem como sobre suas resistências à compressão, à flexão e ao desgaste. Podem ser ainda efetuados cálculos sobre porosidade e absorção. No entanto, para construções históricas, essa caracterização só poderá ser efetuada se houver informações disponíveis sobre a procedência dos materiais e sobre as suas antigas áreas de extração. Em alguns casos, essas áreas, atualmente, situam-se próximas ou em sítios históricos, ou foram transformadas em áreas de preservação, o que significa a necessidade de autorizações especiais para a coleta de amostras.

Em um segundo momento, devem ser cumpridas as seguintes etapas:

3a. Após a petrografia das degradações ou danos, estas devem ser registradas em fichas e lançadas nos chamados mapas de danos (Fig. B.1) de acordo, por exemplo, com tipos e famílias de deterioração, como aquelas que constam da proposta apresentada pelo ICOMOS. Além desses levantamentos e avaliações (Delgado Rodrigues, 2015), podem ainda ser realizados cálculos visando levantamentos sobre graus de deteriorações e estimativa de tempo para a progressão destas, com base na proposta de quantificação de danos apresentada por Fitzner e Heinrichs (2002).

4a. Por fim, de posse de todas as informações obtidas, deve ser preparado um diagnóstico com indicações sobre possíveis causas e agentes, propondo soluções e contendo recomendações ou informações sobre a urgência ou não da adoção de medidas para a conservação e a preservação da edificação ou monumento. No caso de construção histórica, os diagnósticos devem ser repassados às instituições que cuidam da sua preservação ou diretamente aos profissionais que trabalham com a conservação.

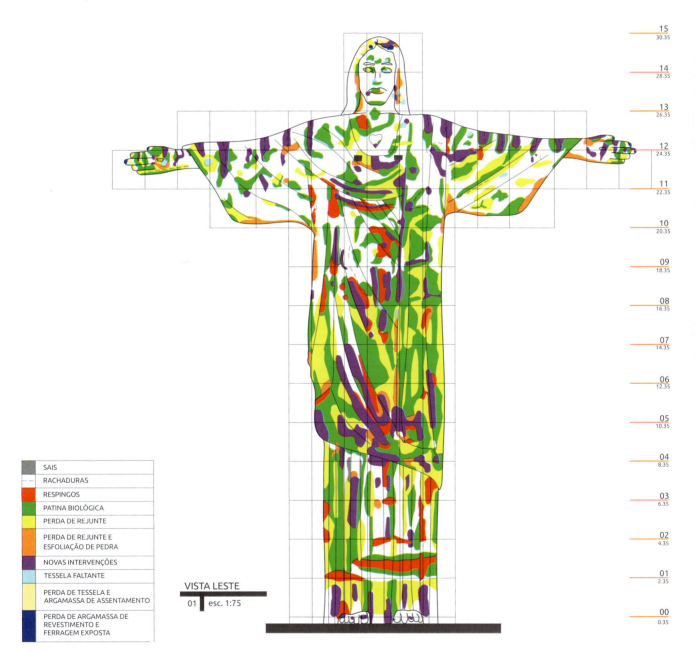

Fig. B.1 *Exemplo de um mapa de dano para a fachada leste do Cristo Redentor. Envolvendo uma estrutura em concreto armado revestida por tesselas de esteatito, o mapa foi produzido para a sua restauração de 2010. No documento se encontram indicados os diversos tipos de degradações observadas. Finalizado em 1931, o monumento é tombado pelo Iphan e pertence à Mitra Arquiepiscopal do Rio de Janeiro. O projeto de restauro foi desenvolvido pela empresa Cone Engenharia Ltda., sob a coordenação da arquiteta Márcia Braga, e o autor do desenho é o arquiteto Diogo Caprio*